COMMENTAIRES

DES SIX LEÇONS

DE L'ÉCOLE

DU CAVALIER A CHEVAL.

SE TROUVE AUSSI

CHEZ ÉDOUARD GARNOT,

Libraire, rue Pavée-Saint-André-des-Arcs, n.º 7.

AVERTISSEMENT.

EN lisant cet Ouvrage, on verra aisément le but que je me suis proposé en
le livrant à l'impression : il manque aux
Instructeurs de cavalerie un mémorial,
ou manuel, où ils puissent trouver rassemblés dans un petit cadre, les principes d'équitation de nos meilleurs auteurs, appliqués, adaptés, pour ainsi dire,
à l'École du cavalier à cheval, et mis à
la portée de ceux qui ne peuvent se
procurer leurs ouvrages, ou que la
recherche, toujours aride de ces mêmes
principes, fatiguerait; et de ceux aussi
qui, n'ayant pas acquis, par l'éducation,

les connaissances premières et les moyens nécessaires pour une étude suivie, n'ont que le goût de l'instruction et le désir de se rendre utiles. Ce manuel, ou mémorial, leur faciliterait beaucoup cette étude, et leur servirait de guide dans les nombreuses modifications qu'il est nécessaire d'observer dans l'instruction individuelle des cavaliers de recrue.

Je suis loin de me flatter d'avoir atteint ce but; mais si j'ai pu faire quelques pas vers lui, et si mon idée, saisie par un plus grand talent, et développée par une plume mieux exercée que la mienne, peut être un jour le sujet et la cause première d'un ouvrage de cette importance, je serai toujours assez récompensé de mon travail par le bien qui en aura résulté, et j'aurai toujours des droits à l'indulgence de ceux qui ont à cœur la prospérité de la cavalerie française.

J'ai besoin de toute celle de ceux que la curiosité ou le désir de s'instruire porteront à lire ce faible ouvrage : j'ai fait beaucoup de répétitions ; j'ai employé souvent des expressions triviales et des termes qui seraient impropres dans un ouvrage littéraire ; mais pour traiter une matière de ce genre, et surtou' la traiter de manière à se faire comprendre d'hommes souvent peu accoutumés à la délicatesse de la langue, j'ai cru pouvoir me permettre une licence, qui ne peut tirer à conséquence dans un ouvrage de cette nature.

Quant à la correction du style, je sens que j'ai besoin de beaucoup d'indulgence encore. J'espère cependant qu'on n'exigera pas d'un militaire, plus accoutumé à manier un sabre que la plume, qui n'a été que *sur les bancs* des corps-de-garde et des casernes, et dont les bivouacs ont été les collèges où il a fait son éducation, une rédaction académique et un style pur. Heureux qu'en me lisant l'on me comprenne et l'on s'instruise, je n'ambitionne le suffrage que de ceux qui préfèrent l'utile à l'agréable.

Autant que possible, je ne me suis point écarté de l'esprit de l'ordonnance, dont j'ai cherché à imiter la simplicité de style. J'ai cependant fait quelques observations dans les endroits où il m'a semblé que je devais les faire; mais on ne peut me reprocher d'avoir innové, toutes ces observations n'étant qu'indi-

TABLE DES MATIÈRES.

PREMIÈRE LEÇON.

DEUXIÈME LEÇON.

b.

TROISIÈME LEÇON.

QUATRIÈME LEÇON.

CINQUIÈME LEÇON.

SIXIÈME LEÇON.

Connaissance de l'âge des chevaux.

Des robes et des signalemens des chevaux.

FIN DE LA TABLE DES MATIÈRES.

Nota. Il est nécessaire, avant que de se livrer
à la lecture de cet Ouvrage, de jeter
un coup-d'œil sur l'*errata.*

ERRATA:

Page 59, ligne septième; au-lieu de *ou*, en donnant, etc,
lisez : *or*, en donnant, etc.

Page 230, ligne seizième, au-lieu de, *le* bien faire
concevoir, lisez : *les* bien faire concevoir.

Page 311, à la note (*), au-lieu de *ses* résultats,
lisez : *ces* résultats.

Page 313, ligne dernière, au-lieu de *le* panache,
lisez : *la* panache.

COMMENTAIRES

DES SIX LEÇONS

DE L'ÉCOLE

DU CAVALIER A CHEVAL.

PREMIÈRE LEÇON.

PREMIÈRE PARTIE.

Le but de la première leçon de l'Ecole du Cavalier à cheval est de *lui donner l'intelligence des moyens qu'il doit employer pour conduire son cheval....* Donc, la manière dont elle lui sera donnée influera nécessairement sur son instruction à venir. C'est des premiers principes, bien ou mal appliqués et conçus, que dépendront les progrès des cavaliers de recrue, confiés aux soins d'un instructeur.

Jamais un instructeur ignorant ne doit donner la première leçon : ne sachant que le littéral de *l'ordonnance*, il étourdira son élève d'un détail obscur, auquel il ne comprend rien lui-même, et le lui rendra d'autant plus inintelligible, qu'il le débitera avec une volubilité qui ne permettra pas au cavalier d'en saisir un seul mot ; et le *perroquet de manège*, content de lui-même, d'avoir estropié le détail de la théorie, exigera qu'un homme étonné, étourdi, qui cherche à se rappeler ce qu'on a voulu lui faire comprendre, se place, agisse, exécute avec précision un mouvement qu'il ne comprend pas, et qui, pour être simple, n'en demande pas moins une grande habitude, et une explication claire et concise, à la portée de l'homme que l'on instruit, et qui devra toujours être suivie de l'exemple.

L'instructeur intraitable se gendarmera, s'emportera si le cavalier a fait tout de travers, le traitera de *ganache*, de *maladroit* (beaucoup poussent la brutalité plus loin); et l'homme de recrue, qui était venu à la leçon plein de zèle et de bonne volonté, s'en retourne découragé et effrayé des difficultés qu'il ne se croit plus capable de surmonter.

Un instructeur de cavalerie doit avoir patience, douceur et intelligence ; il devra avoir des notions justes sur la conformation physique de l'homme et du cheval, afin d'en pouvoir faire l'application au besoin ; car c'est en vain que l'on prétendrait pouvoir instruire toute espèce d'hommes par les mêmes moyens ; il y a peut-être autant de modifications que d'individus. Sans entrer dans d'aussi grands détails, il est cependant nécessaire que l'officier ou sous-officier qui se destine à l'instruction, puisse faire ces distinctions. Il doit aussi s'attacher à saisir les différens caractères des hommes dont on lui confie l'instruction : avec celui dont l'intelligence est bornée, mais dont l'obéissance et la soumission sont presque toujours inaltérables, beaucoup d'aménité et de douceur, peu de paroles et beaucoup de démonstration : parlez à ses yeux, il vous comprendra. Le physique de cet homme est en parfaite harmonie avec son moral : tous ses mouvemens indiquent sa bonne volonté et son envie de bien faire; mais tout est forcé, tout est roide. Il restera dans la position où vous le mettrez; mais c'est la force qui l'y contiendra. Pour effacer ses épaules et rapprocher ses coudes de son corps, tous ses muscles seront en contraction. Essayez de lui prendre la main, tout son corps viendra avec son bras. N'exigez donc pas de cet homme qu'il soit placé de suite comme le veut l'ordonnance : attendez qu'il ait pris un peu de souplesse. Combattez son défaut principal, qui est la roideur; et pour cela, répétez-lui sans cesse que la position dans laquelle il sera le plus à son aise, est la meilleure; et graduellement, en copiant ses mouvemens sur ceux d'un instructeur intelligent, qui aura l'attention de ne rien faire que par principes, cet homme s'assouplira, prendra l'habitude de la bonne position, qu'il conservera toujours, en raison de ce qu'il aura beaucoup travaillé pour l'acquérir.

Avec celui qui, au contraire, par l'éducation qu'il aura reçue dans sa famille, ou qui,

par l'heureuse organisation de son physique et
de son moral, aura une aptitude marquée pour
tous les exercices de corps (notamment l'équitation), et une conception facile : évitez de
fatiguer son attention, en le laissant trop long-
temps sur des mouvemens qu'il aura bien et
promptement saisis. Il est impatient de passer
à une autre leçon, il est avide d'apprendre :
sachez modérer et tromper son impatience,
en lui faisant répéter souvent les mêmes mouvemens, sans l'ennuyer par un détail devenu
inutile alors. Encouragez-le; dites-lui que c'est
bien, mais qu'il est possible de faire mieux
encore; excitez son émulation, en lui propo-
sant des modèles au-dessus de lui; il redou-
blera de zèle, et ne se plaindra point de la
lenteur de son instruction. Ce sont ces heureux naturels qu'il dépend souvent des instructeurs de développer, en faisant germer
dans leurs âmes l'amour de leur état et le
désir de s'y distinguer. La gloire est trop
chère, et j'ose dire trop familière aux Français, pour qu'un instructeur de cavalerie
dédaigne de diriger les premières idées des
jeunes soldats confiés à ses soins vers un si
noble but.

Il est encore d'autres caractères qu'un instructeur doit étudier pour en tirer le meilleur
parti possible, sans avoir recours à la punition,
qu'il ne faut employer, autant que possible,
qu'avec les paresseux et les incorrigibles; encore ces punitions ne doivent-elles consister

qu'en corvées, gardes d'écurie et consigne au quartier. Comme ce n'est point mon but de définir chaque caractère en particulier, ni d'indiquer la manière dont ils doivent être ménagés, je m'en tiendrai à cette courte digression, dans laquelle je n'ai voulu qu'appeler l'attention des instructeurs sur cet objet.

La première leçon se donnera homme par homme, en attachant un instructeur à chaque cavalier, afin qu'elle soit donnée avec plus de soins.

Sans doute, il serait à désirer que cela pût se faire; mais le nombre de recrues qui arrivent dans les régimens aux époques des levées, rend cette mesure impossible, à moins que d'attacher à l'instruction un certain nombre d'anciens cavaliers assez instruits, qui seraient dirigés et surveillés par de bons instructeurs; encore ne peut-on empêcher que les principes ne soient souvent infirmés. Il est donc plus prudent, dans ce cas, de donner à des brigadiers et sous-officiers bien instruits, jusqu'à quatre cavaliers, que l'on peut instruire et surveiller sans peine. Toutes les fois cependant qu'on en aura la possibilité, il sera infiniment plus avantageux d'en donner moins.

Le cheval sera en couverte et en bridon : on se sert ordinairement, pour la leçon de *pied ferme*, de chevaux dont on ne peut guère tirer de meilleurs services, et qui sont sur-le-point d'être réformés; ils doivent encore être sages, tranquilles et peu sensibles, pour

que l'attention des cavaliers de recrue ne soit
pas détournée par leurs mouvemens, et surtout pour qu'ils n'en soient pas effrayés.

La couverte bien pliée, devra être placée
bien au milieu du dos du cheval, un peu en
avant. Elle devra avoir peu d'épaisseur, et
également partout. Quand elle est trop épaisse
du devant, les fesses du cavalier tombent en
arrière ; ce qui fait *vousser* le dos, et rentrer
la ceinture, remonter les cuisses et les genoux,
et met le cavalier sur l'enfourchure.

Il y aurait moins d'inconvéniens à ce qu'elle
le fût un peu plus du derrière, parce que
cela fait allonger les cuisses, et porter la ceinture en avant ; les cuisses se tournent mieux
sur leur plat : mais alors l'angle qu'elles forment avec le corps est trop ouvert ; de sorte
que le corps, les cuisses et les jambes forment
presque une ligne verticale ; ce qui est contraire aux principes d'équitation reconnus
bons. Si quelqu'un me dit que, cependant, le
corps de l'homme doit être placé dans une
verticale amenée du sommet de la tête, et qui
tomberait au talon ; je répondrai que cela
s'entend du centre de gravité seulement, et
indépendamment des angles que forment le
corps avec les cuisses, et celles-ci avec les
jambes.

La couverte sera donc placée, comme je
l'ai dit, et d'une épaisseur égale dans tous ses
points : on l'assujétira d'une manière solide
sur le dos du cheval, avec un surfaix, afin

qu'elle ne tourne pas lorsqu'on fera sauter le cavalier à cheval.

Position du cavalier, avant que de sauter à cheval.

(*Voyez l'ordonnance, n.° 113, planche* 28). Il faudra ici faire l'application de ce que j'ai dit en commençant cette leçon, avoir égard à la conformation des hommes pour les placer, et ne pas gêner la nature tout en tâchant de la corriger. Il est bien essentiel d'empêcher les cavaliers de recrue de se roidir, de prendre des positions forcées dans les commencemens, parce que l'habitude qu'ils en contracteraient nuirait considérablement à leurs progrès. On ne peut trop leur répéter d'avoir la tête haute et libre, sans enfoncer le cou dans les épaules ; celles-ci doivent être, autant que faire se pourra, bien effacées, et plates par derrière ; elles devront être maintenues dans cette position par le *lacher* des bras, qui devront tomber naturellement le long du corps, les coudes en étant rapprochés sans roideur. Il faut s'attacher à leur faire concevoir qu'en mettant de la roideur dans la plus petite partie du corps, elle en communiquerait à toutes les autres.

On fera ensuite sauter à cheval ; et pour cela on commandera :

1. Garde à vous.

2 Préparez-vous — pour sauter (*à*) cheval.

Un temps et six mouvemens pour toute arme. (*Voyez l'ordonnance n.º* 114.) Il sera à propos de prévenir les cavaliers de ce qu'ils ont à faire au commandement *garde à vous*, et de les habituer dès-lors à garder la plus parfaite immobilité après qu'il aura été prononcé. Il faudra l'exiger positivement; car, pour négliger cette attention dans les commencemens, on ne peut souvent venir à bout de l'obtenir plus tard à l'escadron.

Il faudra exiger beaucoup de régularité dans tous les mouvemens pour se préparer à sauter à cheval, et les mains devront souvent suppléer à ce que les oreilles ne comprendraient pas bien.

Les six mouvemens pour se préparer à sauter à cheval étant finis, on commandera :

3 à — cheval.

Un temps et deux mouvemens. (*Voyez l'ordonnance.*)

De la position de l'homme à cheval.

L'homme de recrue étant à cheval, on lui donnera la position telle qu'elle est expliquée et démontrée N.º 117, planche 29. Il n'est pas possible d'en donner une explication plus exacte, sans entrer dans de plus grands détails, auxquels l'ordonnance n'a pu s'arrêter ; mais elle a laissé beaucoup à l'intelligence des instructeurs ; c'est à eux à développer ce qu'elle ne fait qu'indiquer. Sans

fatiguer l'attention des cavaliers par un ver-
biage diffus et prolixe, et tout-à-fait hors de
leur portée, il est possible cependant de leur
faire comprendre que leur position à cheval
doit être puisée dans la nature, et en rapports avec la conformation de l'homme et du
cheval ; que la moins fatigante pour eux,
doit aussi être la moins gênante pour le cheval, afin de lui laisser le libre exercice de
toutes ses facultés, en ce que ses forces peuvent lui permettre.

La tête doit être haute et d'à-plomb entre
les deux épaules, sans que le cou se roidisse.
Si elle était trop élevée, elle empêcherait de
voir devant soi. C'est pour cela qu'il faut faire
comprendre aux cavaliers que *lever le nez,
n'est pas élever la tête*. Si elle était trop basse,
elle ôterait toute la grâce et la noblesse,
et en dernier résultat, ferait arrondir les
épaules en les amenant en avant. Elle ne doit
pencher ni à droite ni à gauche, ce qui finirait
par déranger l'assiette.

Les épaules bien effacées, afin d'avoir la
poitrine bien ouverte et saillante ; elles doivent être placées carrément, de manière
qu'une ligne droite, amenée de l'une à l'autre,
rencontre perpendiculairement le plan hori-
zontal du cheval.

Si les épaules sont bien effacées et relâchées,
les bras tomberont naturellement le long du
corps.

Les coudes devront être rapprochés du

corps sans force, et en être légèrement détachés. Ils ne doivent pas y être collés, comme quelques instructeurs le prétendent, parce qu'il est impossible de les y contenir sans employer une force qui en communiquerait au cou, aux épaules, et même aux reins.

Les reins doivent être fermes et flexibles, et légèrement courbés en avant; ce pli devra se faire sous l'épaisseur des épaules, et le plus bas possible, c'est-à-dire, dans les dernières *vertèbres lombaires.*

Les reins servent de soupentes au corps pour annuler la dureté des réactions ou soubresauts, provenant du trot, du galop, des sauts et ruades du cheval. C'est par leur souplesse que le cavalier s'identifiera à son cheval, qu'il acquerra de la solidité; il est donc essentiel de prévenir la roideur dans cette partie, de la détruire quand elle existe, ou du-moins, de la modifier le plus possible. On y parviendra en répétant souvent aux cavaliers de se relâcher du bas du corps.

Les deux fesses doivent porter également sur le dos du cheval : c'est-à-dire, que chacune d'elles doit supporter la moitié juste de la masse totale du corps. Elles devront être séparées par le milieu, par l'épine du dos du cheval, être bien chassées sous le centre de gravité, de manière que le poids du corps les applatisse, ce qui multipliera les points de contact sur la couverte, et donnera, par conséquent, plus d'assiette au cavalier. Les fesses, d'ailleurs, bien chassées sous soi, rapprochent davantage la ceinture du garot du cheval.

Les deux cuisses bien relâchées, et *tournées sur leur plat depuis les hanches jusqu'aux genoux*, devront embrasser le cheval également, sans le serrer, comme plusieurs instructeurs le conseillent. Le genou, par ce moyen, se trouvera assuré à la couverte, sans y être maintenu par la contraction des muscles de la cuisse, qui s'aplatira et augmentera encore l'assiette du cavalier. Les cuisses seront abandonnées à la tension que leur propre pesanteur leur donnera, les muscles et ligamens en étant bien relâchés. Il ne faut pas exiger de tous les cavaliers indistinctement, que leurs cuisses soient de suite placées comme les règles de l'Équitation le déterminent ; parce que beaucoup manquent de souplesse dans ces parties, surtout dans le jeu de l'articulation de l'os de la cuisse avec l'os de la hanche (le fémur dans la cavité cotyloïde). Il faut attendre que l'exercice ait délié et assoupli les ligamens de ces articulations.

Le pli des genoux liant ; c'est-à-dire que, dans la flexion et l'extension de cette articulation, le mouvement des jambes, en se fermant et se relâchant, doit être absolument indépendant de la cuisse, qui ne devra pas en être dérangée.

Les jambes libres, et tombant naturellement ; la pointe des pieds tombant de même.

En relâchant bien les jambes, elles feront deux poids égaux, qui, tirant avec tout l'effort de leur pesanteur, augmenteront encore les points de contact des fesses et des cuisses; en les aplatissant davantage, leur position se trouvera déterminée par ce moyen; elles tomberont à cet endroit du corps du cheval, nommé *passage des sangles*, c'est-à-dire, entre le coude et le ventre, leur véritable position.

Les ligamens du coude-pied seront également bien relâchés, de manière que la pointe du pied se trouve, par son propre poids, plus basse que le talon. Il faut veiller à ce que le cavalier n'estropie pas la cheville en voulant trop tourner la pointe du pied en-dedans, défaut que l'ignorance de certains instructeurs leur fait souvent contracter. Si la cuisse, le genou et la jambe sont placés comme je viens de le décrire, la pointe du pied le sera bien aussi.

Le cavalier étant placé comme je viens de le détailler (autant que le permettront sa conformation et son intelligence), il sera bon de lui faire concevoir que son corps se trouve divisé en trois parties, dont deux mobiles, et l'autre immobile. La première partie mobile, comprend depuis la tête jusqu'aux hanches exclusivement; la seconde partie mobile, comprend les jambes, depuis les genoux jusqu'à la pointe du pied. La partie immobile, qui sert de base au corps, la plus essentielle à bien placer, s'étend depuis les hanches, inclusivement, jusqu'aux genoux : ce sont les fesses, les cuisses, dont je viens de parler, et qui, par le moyen des deux parties mobiles, au milieu desquelles elles se trouvent, forment la base du corps, l'assiette du cavalier. Je le répète, c'est par le *lâcher* des deux parties mobiles qu'on assurera l'immobile.

On trouvera ces principes détaillés et démontrés savamment dans les Traités d'Équitation de MM. de Montfaucon et de Bohan, etc....., c'est là que je les ai puisés ; et si je me permets d'en donner ici une analyse, faible sans doute, ce n'est que pour épargner aux militaires débutant dans la carrière de l'instruction, la peine de fouiller les *in-folio* où ils se trouvent épars. Quelques-uns de mes camarades en émulation, je l'espère, au-lieu de blâmer mon zèle, me sauront peut-être quelque gré de cette peine.

Mais, me dira-t-on, il n'est nul besoin de savoir tous ces détails pour instruire des soldats dans les leçons de l'ordonnance ; ce ne sont pas des écuyers qu'il faut dans les régimens, mais seulement de bons cavaliers : je répondrai que, pour former de *bons cavaliers*, des instructeurs ne sauraient être trop instruits : quand il s'agit de communiquer ses lumières aux autres, peut-on avoir trop de moyens ?..... et c'est à des instructeurs que je destine ce petit ouvrage, non pour être appris par cœur, et débité *à des oreilles qui ne pourraient l'entendre*, mais pour être étudié, commenté, pour leur servir de guide, et leur aplanir les premières difficultés du métier, et en faire ensuite l'application, selon le caractère, l'intelligence, les moyens physiques et moraux des hommes qu'ils seront chargés d'instruire.

Eh! quel mal y aurait-il, d'ailleurs, qu'un instructeur inculquât dans une jeune tête susceptible de le comprendre, les premiers principes raisonnés de l'Art de l'Équitation; qu'il jetât pour ainsi dire, les premiers fondemens de son instruction?..... En rentrant de la leçon, ce jeune homme, que ces vérités démonstratives auront frappé, cherchera à les classer dans sa tête; pour se les rendre plus sensibles encore, il se procurera un ouvrage qui traite de ce sujet, dont la lecture l'en pénétrera encore davantage. Il sera impatient de retourner à la leçon pour en faire lui-même l'application; et dès-lors, il prend goût à son état, et des idées d'avancement et de gloire venant se rattacher à celle du travail, il redouble de zèle et d'application : et bientôt cet homme se trouve à même de communiquer aux autres ce qu'il a conçu et exécuté avec tant de succès!..... Je le demande : n'est ce pas ainsi que sont sortis des rangs des simples cavaliers, tant d'officiers distingués, dont les noms sont encore aujourd'hui l'honneur de la cavalerie?.....

L'homme étant à cheval, on lui placera

dans chaque main une rêne qu'il tiendra à pleine main, et la rêne précisément dans le milieu de la main, et non entre les dernières phalanges, comme les tiennent presque tous les commençans. Pour empêcher qu'elles ne coulent dans ses mains, il fermera le pouce sur la jointure de la première et de la deuxième phalanges du premier doigt. Les poignets devront être soutenus à la hauteur des avant-bras, qui devront former avec le bras, un angle plus ou moins ouvert, selon la position de la tête du cheval. Ils seront *séparés à six pouces l'un de l'autre, les doigts se faisant face.* Il est des cas où il est nécessaire de les éloigner davantage ; mais il n'en est point où ils doivent plus se rapprocher.

Pour empêcher que le cheval n'arrache les rênes de ses mains, quand il fait *des forces,* ou lorsqu'il *bat à la main,* le cavalier mettra beaucoup de moëlleux dans l'articulation du coude, cédant toutes les fois que le cheval allonge son cou, en portant le nez en avant, et replaçant de suite ses poignets, sans saccade, pour lui ramener la tête. Si le cavalier mettait de la roideur dans cette articulation, que le bras et l'avant-bras fussent, comme l'on dit, tout d'une pièce, chaque fois que le cheval baisserait la tête, ou *ferait des forces,* tout son corps serait attiré en avant.

Avec le cheval qui *porte au vent,* le cavalier aura les poignets un peu plus bas et plus éloignés l'un de l'autre : on modifie cette position, selon que le cheval a plus ou moins ce défaut. Avec celui qui *s'encapuchonne*, les poignets doivent être plus élevés, et portés en avant, afin de lui relever la tête.

Toutes ces attentions sont susceptibles de modifications, que je laisse à la sagacité des instructeurs.

Pour les cas où les rênes sont trop courtes, on enseignera aux cavaliers à les allonger; on commandera :

    1 Garde à vous.

    2 Allongez — (*vos*) rênes.

(*Voyez l'ordonnance, n.º* 118).

Quand les rênes sont trop longues, ce qui arrive le plus souvent, on les fera raccourcir par les commandemens :

    1 Garde à vous.

    2 Raccourcissez — (*vos*) rênes.

Un temps et deux mouvemens. (*Voyez l'ordonnance, n.º* 119.)

Pour apprendre aux cavaliers à ne tenir les rênes que d'une main, on les leur fera croiser dans l'une et l'autre, alternativement, par les commandemens :

    1 Garde à vous.

    2. Croisez vos rênes (*dans la*) main gauche (ou droite).

Un temps et deux mouvemens. (*Voyez l'ordonnance, n.*^os 120 *et* 122.)

Pour faire séparer les rênes, on commandera :

1 Garde à vous.

2 Séparez — (*vos*) rênes.

Un temps et un mouvement. (*Voyez l'ordonnance, n.*^o 121.)

Tous ces mouvemens, si simples par eux-mêmes, et dont l'exécution est si facile, coûtent cependant beaucoup aux cavaliers pour les apprendre, quand les instructeurs s'obstinent à vouloir les leur faire comprendre seulement par des paroles. Tout exact et concis qu'est le détail de l'ordonnance, il est insuffisant, si les mains n'y ajoutent l'exemple : instructeurs qui voulez aplanir ces difficultés minutieuses à vos élèves, laissez, dans cette circonstance, le détail de la théorie ; prenez un bridon, dont vous passerez la têtière à votre bras gauche, et dont vous tiendrez les rênes comme vous-mêmes les avez placées dans les mains des cavaliers ; décomposez-leur ces mouvemens à tous, les uns après les autres : et dans une seule leçon, ils les comprendront et les exécuteront aussi bien que vous.

Les cavaliers doivent savoir faire ces choses-là avec dextérité, mais sans y mettre aucune conséquence ; leurs mouvemens doivent être libres et larges. Ceci ne ressemble en rien à des temps d'exercice, et doit être exécuté sans roideur, et surtout sans ces petits mouvemens convulsifs que leur fait contracter le maniment des armes à pied. Il faut, pour ainsi dire, jouer avec ses rênes.

Mouvemens des bras dans l'usage des rênes.

Les bras doivent agir, dans toute leur étendue, librement, et sans communiquer de force au corps, que rien ne doit déranger de son à-plomb. Chaque articulation, dans ses mouvemens particuliers, doit être absolument indépendante d'une autre ; c'est-à-dire que, lorsque l'on meut l'avant-bras, le bras ni l'épaule ne doit s'en ressentir ; de même, lorsque le mouvement du bras s'étend depuis le poignet jusqu'à l'épaule, le corps ne doit pas en être ébranlé. Dans l'usage des rênes, les mouvemens des bras doivent être larges et aisés ; la roideur et la contraction des bras, se communiquant infailliblement au corps, lui ferait perdre toute sa grâce et sa souplesse.

De l'usage des rênes.

(Texte de l'ordonnance, n.º 124). *Les rênes servent de moyens pour faire sentir au cheval la volonté du cavalier ; et leur action doit toujours être d'accord avec celle des jambes : c'est-à-dire, qu'en-même-temps que les mains, par l'intermédiaire des rênes, gou-*

vernent, dirigent *l'avant-main*, les jambes doivent chasser, ranger ou contenir les hanches, selon les circonstances, et les mouvemens que l'on veut faire exécuter au cheval, en agissant de concert ou séparément. Je reviendrai sur ce sujet un peu plus haut.

De l'effet des rênes.

L'effet des rênes n'est autre chose que celui du mors sur *les barres* du cheval; effet qui doit toujours être proportionné à la sensibilité de ces parties.

(Texte de l'ordonnance, n.º 125). *En élevant un peu les poignets, on rassemble son cheval; en les élevant davantage, et avec un peu plus de force, on l'arrête....*

Il me semble que c'est ici l'endroit où il doit être parlé de la manière dont on doit élever les poignets, et de prévenir, combattre, détruire les mauvaises habitudes que contractent les cavaliers de recrue, par l'insouciance ou l'ignorance des instructeurs qui leur donnent cette leçon.

Ceux qui prennent le mot *élever* au pied de la lettre, élèvent les bras perpendiculairement; de sorte que le mouvement vient de l'épaule, et non de l'articulation du coude : c'est élever les bras, et non les poignets. L'effet du mors ne se fait pas sur *les barres*, mais bien à la commissure des lèvres, sur le palais même, pour peu que la position de la tête du cheval se rapproche de la direction de l'encolure. Cette manière est donc vicieuse, puisqu'elle ne produit pas l'effet que l'on doit attendre de l'action, qui est de faire rejeter une partie du poids de *l'avant-main* sur *l'arrière-main*, afin d'allégir la première, pour donner au cheval la facilité d'entamer la marche.

Le défaut contraire est de tirer les poignets à soi, en les arrondissant, de sorte qu'ils se trouvent dans le ventre du cavalier, qui, pour leur donner plus de latitude, et augmenter l'effet des rênes, rentre la ceinture, penche son corps en-avant, et détruit ainsi sa position et son assiette. D'autres tirent de même les rênes à eux, mais en écartant les poignets, de sorte qu'ils se trouvent justement appuyés sur leurs hanches, et les coudes d'un grand pied en-arrière du corps, qui se penche en-avant. Dans ces deux cas, l'effet des rênes est manqué, parce qu'en tirant horizontalement sur les barres du cheval, au-lieu de lui faire élever la tête et l'encolure, on la lui fait baisser; souvent même il recule.

Tous ceux qui ont l'habitude de monter à cheval par principes, conviendront qu'il est une légère action des rênes, qui, sans faire reculer, ni même mouvoir le cheval, le fait grandir, pour ainsi dire, le fait se préparer à entamer légèrement la marche, en allégeant son avant-main, par le rejet d'une partie de son poids sur l'arrière-main : on parviendra à ce point en pliant moëlleusement les avant-bras, *en les rapprochant du corps sans les arrondir*, et dans le sens d'une diagonale C, qui partirait de la pointe de l'angle que forment la perpendiculaire B et l'horisontale A dont je viens de démontrer les vices. A l'article des jambes, je parlerai de la part qu'elles doivent prendre dans l'action de rassembler son cheval, et de l'arrêter.

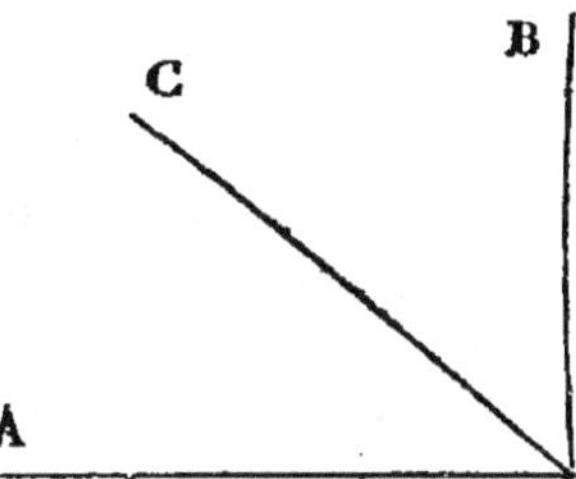

En ouvrant la rêne gauche, on détermine son cheval à tourner à gauche.

En ouvrant la rêne droite, on détermine son cheval à tourner à droite.

Pour ouvrir la rêne droite ou gauche, le bras doit aussi agir en entier et librement, *depuis le poignet jusqu'à l'emboîtement du bras dans l'épaule.* Il ne faut point tirer à soi, ni tourner les ongles en-dessous, comme quelques-uns le font faire, parce qu'on doit tourner son cheval en avançant, et que de cette manière on raccourcit la rêne, et on lui ramène la tête et l'encolure en arrière, et il tourne court, au-lieu d'allonger son arc de cercle. Pour s'assurer de la vérité de ce que j'avance, il ne faut que monter à cheval, et exécuter un *à droite* ou un *à gauche* de cette manière ; on en sera convaincu.

En baissant un peu les poignets, on donne à son cheval la liberté de se porter en avant.

Les rênes placées dans les mains du cavalier, comme je l'ai dit à l'article de la position à cheval, auront une moëlleuse tension qui devra établir entre la bouche du cheval et la main du cavalier un léger sentiment, pas assez fort pour le faire reculer, mais assez marqué pour le contenir. Il suffit, pour donner au cheval la liberté de se porter en avant, que ce sentiment cesse. Une fois que le mors ne fait plus d'effet sur les *barres*, on a *rendu la main* : il faut donc baisser légèrement les poignets, de manière que cet effet cesse graduellement. Il faut empêcher que les cavaliers, en baissant les poignets, ne les portent brusquement en avant ; car ils les replaceraient par un *à-coup*, qui donnerait une saccade au cheval.

De l'effet des jambes.

Les jambes agissant par pression sur le cheval, lui donnent, pour ainsi dire, l'ordre d'exécuter le mouvement que les rênes lui indiquent. C'est pour cela que leur action doit toujours être d'accord avec celle des rênes ; comme celle des rênes doit toujours l'être avec celle des jambes.

(Texte de l'ordonnance, n.º 126). *Les*

jambes doivent se fermer par degrés ; on doit toujours proportionner leur effet à la sensibilité du cheval....

M. de Bohan a divisé les jambes en trois degrés, et les deux premiers degrés en trois points. Je conviens qu'il serait minutieux d'entrer dans ces détails avec les cavaliers de recrue, dont la plupart n'y comprendraient rien; mais il n'en faut pas moins pour cela, leur faire concevoir qu'une fois qu'on a trouvé le degré de sensibilité qui fait obéir le cheval, il faut s'en tenir là, et ne point abuser des *aides.* Il faut encore qu'ils sachent qu'on ne doit point fermer les jambes par *à-coup*, parce que l'effet est toujours comme la cause ; le cheval répond par des *à-coups.* Ils devront savoir aussi, qu'en fermant les jambes, la cuisse ne doit point se roidir, ni en être dérangée ; le genou ne doit pas s'ouvrir, ni remonter ; afin que par une flexion moëlleuse de cette articulation, la partie du molet qui suit immédiatement le jarret, remonte le ventre du cheval un peu en arrière de la sangle.

Les jambes doivent agir pour porter le cheval en avant, pour le soutenir et l'aider à tourner à droite et à gauche.

Il faut ici faire l'application de tout ce qui a été dit sur l'usage des rênes. Toutes les fois que les jambes se ferment pour porter le cheval en avant, les poignets auront dû se baisser pour lui en donner la liberté ; ces deux actions doivent se faire presqu'en-même-temps, mais celle des poignets doit précéder celle des jambes. Avant que de mettre une chose à exécution, il faut commencer d'abord par lever les obstacles qui s'y opposent : or, lorsque le cheval est rassemblé, si les jambes se fermaient avant que les poignets ne se fussent baissés, elles rencontreraient évidemment un obstacle, qui serait la pression que le mors opère sur la bouche du cheval. On doit sentir les conséquences qui résulteraient de ces effets contradictoires.

Les jambes soutiennent le cheval.

C'est l'action de le rassembler, modifiée selon les circonstances où l'on se trouve ; l'allure à laquelle on marche ; le mouvement que l'on fait exécuter, et le terrain sur lequel on exerce : l'action moëlleuse des rênes fait lever la tête et l'encolure au cheval, comme je l'ai dit, et allège son avant-main ; tandis que stimulé par les jambes, qui, sans lui presser les flancs, s'approchent progressivement de son ventre, il se grandit, prend du *tride*, et donne plus de ressort et de souplesse au jeu de ses articulations. Dans cet état, un cheval est *soutenu*, et est en état d'exécuter un mouvement difficile, et de traverser sans danger un mauvais terrain, où il tomberait s'il était abandonné. J'aurai l'occasion de revenir sur ce sujet dans le cours de cet ouvrage, et d'indiquer le cas où il est le plus nécessaire de *soutenir* son cheval.

Les jambes aident le cheval à tourner à droite et à gauche, c'est-à-dire, qu'en-même-temps que la rêne droite (ou gauche), détermine les épaules, la jambe du même côté détermine les hanches à suivre le mouvement; le cheval s'arrondit sur un arc de cercle proportionné à l'effet de l'une et de l'autre. Dans ce cas, les jambes soutiennent encore le cheval; celle du côté opposé où l'on tourne, pour empêcher que les hanches ne se jettent tout-à-coup en-dehors, et pour donner au mouvement une exécution progressive; celle du côté où l'on tourne, pour empêcher le cheval de tomber, si l'on était à une allure vive.

Toutes les fois que le cheval aura obéi aux jambes, il faudra les relâcher et les replacer par degrés dans leur position naturelle; les poignets devront se replacer dans la même progression.

Les instructeurs devront bien s'attacher à faire concevoir cet accord des mains et des jambes aux cavaliers : c'est le point le plus essentiel en équitation.

De l'Eperon.

(N.o 127 *du texte de l'ordonnance*). Quand un cheval refusera d'obéir aux jambes, après les avoir fermées dans la progression établie, et dont il aura dû sentir tous les degrés, il faudra se servir des éperons. Ils sont néces-

saires pour empêcher le cheval de devenir
vicieux. Leur effet doit toujours suivre immédiatement la faute ; il devra être vigoureux.
Son usage employé à propos rend le cheval
fin aux aides ; mais il faut bien le saisir, cet
à-propos ; sans cela, la correction ne produit d'autre effet, souvent, que de rendre le
cheval rétif. Une fois le moment de la faute
passé, le cheval ne sait plus pourquoi on le
bat, et il se défend. L'éperon doit être re-
gardé comme châtiment, et non comme
aide.

C'est bien ici le moment de s'élever contre
l'abus cruel que l'on en fait dans presque
tous les corps de cavalerie : combien de chevaux dont les jarrets sont perdus, et la
bouche abîmée !..... Combien de ces animaux
devenus rueurs, rétifs et ramingues, qui
eussent fait d'excellentes, de dociles montures, s'ils n'eussent pas été mis entre les
m..ins de *casse-cous*, qui ne connaissent que
l'éperon, et toujours l'éperon !.....

On monte à cheval : à-peine est-on en selle,
que le pauvre animal reçoit deux vigoureux
coups d'éperons pour lui apprendre à vouloir
faire des difficultés de se laisser monter,
parce qu'il sait ce qui lui en revient chaque
fois ; et pour le calmer, il lui en arrive de
suite une demi-douzaine d'autres, accompa-
gnés d'autant de saccades !..... Étonnez-vous,
d'après cela, du désordre et des accidens qui
arrivent lorsqu'une troupe un peu nombreuse

se prépare à monter à cheval ou à mettre pied à terre ?..... C'est en pénétrant bien les cavaliers de recrue de ces funestes conséquences, qu'on parviendra, à la longue, à atténuer cette calamité.

Pour apprendre aux cavaliers à se servir des éperons, on commandera :

1 Garde à vous.

2 Pincez — des deux.

Un temps et deux mouvemens (*Voyez l'ordonnance*, N.° 128).

Le détail de l'ordonnance est on ne peut plus exact ; mais il sera bon de faire observer aux cavaliers, qu'il doit y avoir beaucoup de lenteur, de moëlleux et d'attention dans le premier mouvement ; qu'il doit être presqu'imperceptible à l'œil. Je ferai observer encore que si le deuxième commandement est prononcé d'un ton bref et animé, le cavalier risque d'exécuter brusquement ; au-lieu que s'il est prononcé lentement, et d'une inflexion de voix proportionnée à l'exécution qu'il doit avoir, le cavalier exécutera de même. Il est plus prudent de le faire faire individuellement, et par une simple indication.

On commandera *au temps* pour faire reprendre la position, quand on ne voudra pas faire exécuter le second mouvement, ce qui ne devra se faire que lorsque les cavaliers auront pris de la solidité à cheval. A ce com-

3*

mandement, les cavaliers relâcheront les jambes avec la même progression que pour les fermer, et replaceront de même les poignets.

Quand on voudra faire exécuter le second mouvement, on commandera *deux* : à ce commandement, appuyer ferme les éperons derrière les sangles, et les y laisser un temps, afin que le cheval les sente bien, et qu'il obéisse. Le corps ne doit pas bouger, et la ceinture doit se porter en avant ; les poignets doivent s'assurer, parce qu'il est sûr que le cheval se portera vivement en avant, ou qu'il ruera s'il se défend. Dans l'un et l'autre cas, il faut bien le soutenir des mains, et le calmer par des demi-temps d'arrêt, en relâchant les jambes. Il suffira d'expliquer ceci aux cavaliers dans la leçon de pied ferme.

Marcher.

Quand la leçon de pied ferme aura été donnée avec soin et bien entendue des cavaliers, pour leur apprendre à porter leurs chevaux en avant, on commandera :

1 Garde à vous.

2 Cavalier en avant.

3 Marche.

(*Voyez l'ordonnance,* n.° 129). On se rappellera ici tout ce que je viens de dire à l'article des rênes, et à celui des jambes, de l'accord parfait qui doit régner entre leur action, et on en fera l'application.

Au commandement *garde à vous*, le cavalier doit prêter la plus grande attention, prendre une position correcte, et garder la plus parfaite immobilité.

Au commandement *cavalier en avant*, élever un peu les poignets, et approcher les jambes du ventre du cheval, avec le moëlleux et la progression déjà indiqués. C'est ce qui s'appelle *rassembler son cheval*; j'ai déjà dit que le cheval ne devait pas être rassemblé avec trop de force, qu'il ne doit en ce moment que se préparer à entamer la marche avec légèreté, par le rejet d'une partie du poids de l'*avant* sur l'*arrière-main*. C'est ici le moment d'y faire attention.

Au commandement *marche*, réunissant les moyens indiqués à l'article des jambes, on baissera légèrement les poignets, ce qui s'appelle *rendre la main*; les jambes se fermeront sans à-coup et également; car si l'une faisait plus d'effet que l'autre, le cheval n'entamerait pas la marche sur une ligne droite; il céderait à la pression la plus forte, en jetant ses hanches du côté opposé. Le cheval ayant obéi, replacer les poignets dans la position indiquée, et relâcher les jambes sans les éloigner du ventre du cheval, afin de l'entretenir dans l'allúre.

Dans le moment de la motion de l'animal

en avant, le corps de l'homme ayant une propension à rester en arrière, il faudra la prévenir en recommandant aux cavaliers de donner
au haut de leur corps une légère impulsion,
pour qu'il se porte en avant en-même-temps
que le cheval.

Arrêter.

Quand les cavaliers auront marché quelques pas en avant, on commandera :

1 Garde à vous.
2 Cavalier.
3 Halte.

(*Voyez l'ordonnance, n.° 130*). Il y a une
différence dans la manière de rassembler son
cheval étant de pied ferme, avec celle de le
rassembler étant en marche. La première est
pour le préparer à se porter en avant, et la
dernière pour le préparer à l'arrêt ; l'action
des mains et des jambes doit donc être modifiée selon ces deux circonstances. Dans le
premier cas, les jambes étant les agens principaux, les poignets leur sont subordonnés.
Dans le dernier, c'est au contraire l'action
des jambes qui est secondaire ; elles concou-
rent seulement à la correction du mouvement,
en empêchant que le cheval ne recule, ou
qu'il ne jette ses hanches de côté. Ce principe
s'étend plus loin encore ; il est applicable toutes

les fois que l'on passe d'une allure lente à une plus rapide, et d'un mouvement rapide à un plus lent, tels que du pas au trot, du trot au galop; et réciproquement, du galop au trot et du trot au pas. Je suis sûr que tous ceux qui font profession de monter à cheval avec principes, et qui raisonnent un peu leurs mouvemens, ne me contesteront pas cette différence. Elle est assez sensible pour qu'on puisse la faire remarquer aux cavaliers de recrue. On leur répétera que quand ils rassemblent leurs chevaux pour arrêter, l'effet des rênes doit être un peu plus sensible que celui des jambes, qui ne doivent agir, dans ce cas, que pour empêcher le ralentissement de l'allure; et réciproquement, pour mettre leurs chevaux en mouvement, on leur dira, que l'action des poignets n'ayant pour but que de faire élever la tête et l'encolure au cheval, et allégir l'avant-main, elle ne doit pas l'emporter sur celle des jambes, ce qui ferait reculer le cheval. Il est à désirer que tous les instructeurs soient bien pénétrés de cette foule de petites modifications si essentielles, afin qu'ils puissent les mettre à la portée des cavaliers, selon leurs moyens et leur intelligence; car ordinairement, quand on est bien pénétré d'une chose, on l'explique facilement. La manière la plus simple sera toujours la meilleure.

Au commandement *halte*, les cavaliers, en élevant également les poignets, comme il est expliqué à l'article de l'effet des rênes, s'assoieront en assurant leur corps, pour que l'impulsion que lui a donnée le mouvement ne le fasse pas se porter en avant ; les deux jambes seront également près, pour que le cheval ne recule pas, et qu'il ne jette ses hanches de côté. Il a dû être mis en mouvement sur une ligne droite, il doit y être arrêté de même. Si le cheval n'arrêtait pas, par un effet égal des deux rênes, on lui ferait sentir successivement l'effet de chacune. On appelle cela *scier du bridon ;* et ce doit être considéré comme châtiment ; on ne doit conséquemment s'en servir qu'en cas de désobéissance.

Aussitôt que le cheval a obéi, il faut rendre la main et replacer les jambes.

Reculer.

On commandera :

1 Garde à vous.

2 Cavalier en arrière.

3 Marche.

(*Voyez l'ordonnance* , *n.*° 131). Pour faire reculer le cheval bien droit, deux choses sont à obverver : 1.° au commandement préparatoire, qui est *cavalier en arrière,* le cheval doit être rassemblé par un effet égal des mains et des jambes, de manière qu'il n'ait pas déjà une propension à se traverser ; 2.° au commandement *marche,* l'effet des poignets se continuera avec la même égalité, tandis que les deux jambes, rapprochées également du ventre du cheval, sans le serrer, contiendront ses hanches : aussitôt que le cheval aura obéi, faire cesser de suite l'action des rênes, en baissant un peu les poignets ; les élever de suite et les baisser alternativement, ce qui s'appelle *arrêter et rendre*. Si cet effet des mains et des jambes est continué avec justesse, le cheval reculera droit ; s'il se traverse, il faudra fermer la jambe du côté où il jette ses hanches ; et si la jambe ne suffisait pas, porter les deux poignets du même côté pour y ramener les épaules, et remettre le cheval droit.

Après avoir reculé quelques pas, on commandera *halte :* à ce commandement, baisser les poignets et tenir les jambes près, sans les fermer. Avoir l'attention de remettre le cheval droit, s'il ne l'était pas.

Les instructeurs devront mettre beaucoup de patience à faire exécuter ce mouvement, et aider les cavaliers quand les chevaux feront des difficultés.

Tourner à droite.

Pour faire exécuter un *à-droite* aux cavaliers, on commandera :

1 Garde à vous.

2 Par cavalier à droite.

3 Marche.

(*Voyez l'ordonnance*, n.° 132). Il est censé, maintenant, que les cavaliers savent ce qu'ils ont à faire au commandement *garde à vous* : au commandement préparatoire, on leur rappellera seulement qu'ils doivent rassembler leurs chevaux ; ils auront dû comprendre précédemment la manière de le faire correctement.

Au commandement *marche*, pour donner au mouvement une exécution progressive, les cavaliers commenceront par baisser les poignets, et fermer les deux jambes, dont l'effet de la droite sera un peu plus sensible. Aussitôt que le cheval aura fait son premier pas, ouvrir de suite franchement la rêne droite, et fermer la jambe droite tout-à-fait, pour le déterminer à tourner à droite. Ces deux actions doivent se suivre immédiatement, de manière à ce qu'il n'en résulte aucun retard dans le mouvement. Aussitôt que les épaules sont déterminées, on diminue insensiblement l'effet de la rêne et de la jambe droite, en augmentant celui de la rêne et de la jambe gauche dans la même progression, afin d'arrondir le cheval sur un arc de cercle de deux ou trois pas.

Le mouvement étant près de finir, on commandera, *cavalier*, et lorsqu'il se terminera, *halte* : à ce dernier commandement, former un demi-temps d'arrêt, puis replacer les poignets et relacher les jambes.

Le commandement *cavalier*, fait ainsi de

bonne heure, aidera encore à terminer progressivement le mouvement.

Tourner à gauche.

(*Voyez l'ordonnance, n.* 133). Ce mouvement s'exécutera d'après les mêmes principes, en les appliquant aux moyens contraires.

Demi-tour à droite.

On ne fera exécuter les demi-tours que lorsque les cavaliers exécuteront bien les *à-droite* et les *à-gauche*; ces mouvemens demandant encore plus de justesse et de liant, on commandera :

1 Garde à vous.

2 Par cavalier, demi - tour à droite.

3 Marche.

(*Voyez l'ordonnance, n.° 134*). Les mêmes principes employés dans les *à-droite*, devront guider dans les *demi-tours*, excepté que le mouvement étant plus long, puisqu'on décrit un demi-cercle de cinq pas au-moins, l'exécution demandera plus d'attention, et une action des mains et des jambes plus long-temps continuée. On commandera : *cavalier*, *halte*, avec la même attention que ci-dessus, pour en obtenir le même résultat.

Demi-tour à gauche.

(*Voyez l'ordonnance, n.º* 135). Mêmes
principes et moyens contraires.

Il dépend beaucoup des instructeurs de
faciliter aux cavaliers de recrue les moyens
de concevoir facilement, et d'exécuter correctement ces mouvemens. Les cavaliers
placés devant soi, après leur avoir expliqué
le détail de l'ordonnance avec fermeté, précision et clarté, on peut, avec le bout de sa
chambrière, leur tracer à terre l'arc de cercle
sur lequel ils doivent tourner leurs chevaux.
Ce moyen si simple m'a réussi avec tout le
succès possible, avec des hommes auxquels
j'aurais vainement tenté de faire comprendre
ces mouvemens par des paroles, car à peine
entendaient-ils le français. Les moyens à employer pour les exécuter sont si naturels, et
tellement pris dans la conformation physique
de l'homme et du cheval, que pour plier leurs
chevaux sur les lignes courbes que je venais
de leur tracer, ils les employaient machina-
lement : le mouvement, par cela, se trouvait
correct. Qu'importe les moyens qu'on employe, quand le résultat est le même? Pour
être bon instructeur, il faut savoir tirer parti
des conceptions les plus obtuses, si je puis
m'exprimer ainsi.

Lorsque les cavaliers auront bien conçu la
leçon de pied ferme, on fera mettre pied à
terre.

Descendre de cheval en couverte.

On commandera :

> 1 Garde à vous.
>
> 2 Préparez - vous — pour sauter — (*à*) terre.

Un temps et deux mouvemens pour toute arme. (*Voyez l'ordonnance, n.°* 136). Il est bien entendu que c'est indépendamment des différences qui existent pour la cavalerie légère et les chevaux légers lanciers, relativement à la carabine et à la lance.

Après s'être préparé à sauter à terre, on commandera :

> 3 Sautez (*à*) terre.

Un temps et trois mouvemens pour toute arme. (*Voyez l'ordonnance, n.°* 137).

On commandera *front*, pour remettre les cavaliers face en tête devant leurs chevaux. (*Voyez l'ordonnance, n.°* 138).

(N.° 139 *du texte de l'ordonnance*). Il est bien essentiel que les cavaliers sachent sauter à cheval et à terre avec légèreté et dextérité ; il est mille circonstances, à la guerre surtout, où cette habitude est bien précieuse. Il faudra donc profiter des momens de repos (qui doivent être fréquens dans cette leçon) pour les faire sauter à cheval, à terre, à droite et à gauche, mais sans commandement, et en leur indiquant seulement les moyens à employer ; (de la force dans les poignets et dans les reins, et plus que tout cela encore, une grande habitude de cet exercice, qui ne s'acquiert que par la pratique). Il sera bon d'observer ceux qui sont les moins légers et les moins adroits, pour leur recommander de s'exercer beaucoup eux-mêmes hors de la leçon, soit dans les promenades, ou lorsqu'après le pansage, on mène les chevaux à l'abreuvoir, enfin, dans toutes les circonstances possibles. C'est toujours en excitant leur émulation, qu'on parviendra le plus sûrement à obtenir d'eux tout ce qu'il est possible d'en tirer, par le désir de ne point rester au-dessous de leurs camarades. On peut appeler sur cet objet l'attention des brigadiers de chambrées.

On fera ensuite défiler par la droite et par la gauche, et rentrer les chevaux à l'écurie. On commandera :

1 Garde à vous.

2 Par la droite (*ou* par la gauche), — défilez.

Un temps et cinq mouvemens. (*Voyez l'ordonnance, n.*os 1/41 *et* 1/42). On doit exiger beaucoup de régularité dans ces mouvemens ; mais sans trop étourdir les cavaliers du détail, les mains, dans cette occasion, doivent encore démontrer. Il faudra surtout s'attacher à bien faire saisir la différence qui existe dans les troisième et quatrième mouvemens pour défiler par la droite et par la gauche, car les cavaliers sont très-susceptibles de les confondre. Ceci s'entend encore indépendamment des mouvemens particuliers à la cavalerie légère et aux lanciers.

Les cinq mouvemens pour se préparer à défiler étant faits, et les cavaliers bien alignés sur leurs chefs de file, on commandera :

3 Marche.

A ce commandement (quand on se sera préparé à défiler par la droite), les cavaliers feront le geste de relever le sabre avec la main gauche, entre les deux bélières, et partiront du pied gauche, en élevant la main droite pour empêcher les chevaux de sauter ou de ruer. Ils ne partiront que quand celui qui est immédiatement devant eux sera assez éloigné pour que son cheval ne puisse l'atteindre, en cas de coups de pieds ou de ruades.

Quand on se sera préparé à défiler par la gauche, les cavaliers ne changeront les rênes de main, en passant du côté gauche du cheval, qu'au troisième pas, afin de pouvoir se dégager du rang. Dans ce cas, on fait un tour entier, et non un demi-tour seulement, comme le dit l'ordonnance. Après avoir changé les rênes de main, et exécuté le *tour à gauche,* les cavaliers feront le geste de relever le sabre, comme il est prescrit.

(N.º 143 *du texte de l'ordonnance*). Quand on voudra faire recommencer ces mouvemens aux cavaliers, on se conformera à ce qui est prescrit au n.º 143 du texte de l'ordonnance. On fera faire *front* par trois *à-droite* consécutifs, quand on se sera préparé à défiler par la droite ; et par un seul, quand on se sera préparé à défiler par la gauche.

(N.º 144 *du texte de l'ordonnance*). Il est important d'habituer les cavaliers à avoir la main haute, et à bien tenir leurs chevaux en les ramenant à l'écurie ; car ordinairement, après ce travail, aussi ennuyant pour eux que pour les cavaliers, ils se livrent à des sauts, à des bonds de gaîté, qui font échapper souvent les rênes des mains ; ce qui, en rendant les cavaliers craintifs, peut avoir encore des suites plus fâcheuses.

Je termine ici cette première partie de la première leçon, où les cavaliers doivent puiser *l'intelligence des moyens qu'ils doivent employer pour conduire leurs chevaux*, si les instructeurs ont *l'attention de ne passer d'un détail à un autre, qu'après s'être assurés que chacun a été bien conçu* ; et c'est le point difficile. Je le répète : *jamais un instructeur ignorant ne doit donner la première leçon* ; il ne pourrait pas juger si chaque mouvement a eu l'exécution que veut l'ordonnance, parce que le plus souvent il l'interprète lui-même

tout de travers. D'ailleurs, il s'en inquiétera
peu ; pourvu qu'il ait tout détaillé (à sa manière), qu'il ait tout fait exécuter (bien ou
mal, peu lui importera), il croira avoir donné
la leçon..... En effet, il l'aura donnée ; mais
les cavaliers n'en seront pas plus savans pour
cela.

SECONDE PARTIE.

L'ordonnance semble ne diviser la première
leçon qu'en deux parties (du-moins c'est ainsi
qu'on l'a interprétée , et ce à quoi on s'est tenu
jusqu'à présent). Cependant, après avoir ter-
miné la leçon de pied ferme, avoir fait défiler
par la droite et par la gauche, et rentrer les
chevaux à l'écurie, l'ordonnance dit :

*La leçon de pied ferme ayant été suf-
fisamment entendue , on fera marcher les
cavaliers sur une ligne droite , au pas , les
instructeurs s'attachant à les bien placer.*

Voilà donc, dans ce peu de mots, une seconde
partie bien distincte, et qui ne peut être, certainement, confondue avec le travail à la longe sur
des cercles. L'ordonnance s'explique ; elle a très-
bien prévu qu'il est pernicieux, et contraire aux
progrès des cavaliers, de commencer à les
habituer au mouvement du cheval par le mouvement circulaire, le plus compliqué de tous,
et dans lequel il est le plus difficile de conserver son assiette sans se roidir, parce que

le corps est en proie à deux forces, dont l'une tend à le jeter en-dehors, et l'autre à l'attirer en-dedans; sans parler de la difficulté qu'il y a pour un commençant, qui n'est occupé que de sa position, et des moyens de la conserver, à plier son cheval sur la ligne circulaire.

On réunira donc les cavaliers qui devront travailler ensemble, selon le nombre que l'on en aura à instruire, et le nombre d'instructeurs qu'on pourra employer. (Autant que faire se pourra, ce nombre ne devra pas aller au-delà de quatre). On les placera sur un rang, à quatre pas d'intervalle, et on commandera :

1 Garde à vous.
2 Cavaliers en avant.
3 Marche.

(Planche 30, figure 3). Au commandement *marche*, *le cavalier baissera les poignets* (et fermera progressivement les jambes). *L'instructeur aidera le cheval avec la chambrière, si cela est nécessaire, pour le porter en avant; il suivra le cavalier dans sa marche, en se tenant sur le côté.*

Tout ce qui a été dit à l'article *marcher*, de la première partie, et sur la manière de rassembler son cheval, doit naturellement se représenter ici; et si, comme le prévoit l'ordonnance, quelque cheval faisait des difficultés, les instructeurs aideraient, non pas le cheval, mais le cavalier, avec leur chambrière, en y mettant beaucoup de modération.

L'instructeur suivra les cavaliers dans leur marche : il s'attachera à les bien placer.

Il est bien plus facile de se bien placer à cheval lorsqu'il marche, que lorsqu'il est arrêté. Cela est incontestable, et, à cette occasion, je citerai un passage de la *Méthode à suivre pour instruire un élève dans l'art de monter à cheval*, de M. de Bohan. *Première leçon.*

« Chaque pas de l'animal produit une » petite secousse imperceptible de haut en » bas, dans tout le corps de l'homme ; ce qui » semble l'inviter à y céder en se relâchant » de plus en plus. Cette petite secousse aidera » les cuisses à s'allonger et à se mettre sur » leur plat, et les jambes à se placer plus » tombantes et plus près du corps du cheval. » Quelques maîtres pourraient être tentés de » nier cette vérité ; mais pour s'en convaincre, » qu'ils interrogent les commençans ; ceux-ci » certifieront qu'ils se placent plus facilement » sur un cheval en mouvement que sur un » cheval arrêté ».

Les instructeurs, en suivant les cavaliers dans leur marche, leur rappelleront continuellement les principes, rectifieront sans cesse leurs défauts, sans trop crier ni s'emporter. Lorsqu'ils auront un peu marché en avant, et ainsi de front, autant que le terrain pourra le permettre , on commandera :

1 Garde à vous.

2 Par cavalier à droite.

3 Marche.

et le mouvement étant près de finir :

4 En — avant.

A ce dernier commandement, baisser un peu les poignets en les replaçant droit devant soi, et approcher également les jambes du ventre du cheval, pour le diriger sur la nouvelle ligne droite qu'il va parcourir, et qui devra être bien perpendiculaire à celle qu'il vient de quitter. Dès que le cheval y sera bien établi, replacer les poignets et les jambes.

Tout ce qui a été dit aux mouvemens de *par cavalier à droite*, *par cavalier à gauche*, et *demi-tours*, devra aussi se représenter ici. Excepté qu'au commandement *marche*, puisque le cheval est déjà en mouvement, il faudra ouvrir la rêne droite et fermer la jambe droite de suite. *Et vice versá* pour les à-gauche et les demi-tours.

Après l'*à-droite par cavalier*, les cavaliers se trouveront en file ; ils continueront de marcher ainsi, jusqu'à ce que l'instructeur les remette de front par un second à-droite, après lequel ils se porteront en avant de même ; et successivement, l'instructeur les remettra ainsi de front et en file, par *des à-droite* et des *à-gauche par cavaliers*, en continuant les mêmes opérations pour obtenir les mêmes résultats. De cette manière, les cavaliers s'habitueront au mouvement du cheval, et prendront de l'aisance ; et petit à petit leurs cuisses s'allongeront, leurs articulations s'assoupliront, et leur assiette s'affermira.

Quand ils exécuteront correctement et avec aisance *les à-droite* et *les à-gauche* en marchant, on leur fera exécuter de même les *demi-tours* en files et de front : outre que ces mouvemens ont l'avantage de donner l'habitude de la bonne position et d'affermir l'assiette en ne les gênant pas, ils auront encore celui de préparer graduellement les cavaliers au mouvement circulaire, auquel ils devront passer, quand ils seront bien confirmés dans cette seconde partie de la leçon.

Il n'y aurait pas d'inconvéniens, lorsqu'ils commenceront à prendre de l'assurance, à leur faire prendre un trot modéré, surtout lorsqu'ils se trouveront en file. C'est à l'instructeur à juger de la force des cavaliers qu'il instruit, et de saisir un moment bien opportun pour les faire passer à cette allure, à laquelle il faudra peu les laisser d'abord.

L'instructeur observera de ne jamais terminer de leçon sans questionner les cavaliers sur les instructions qu'il leur aura données.

C'est dans ces momens que les instructeurs

doivent s'appliquer à connaître les différens caractères de chacun, à juger de leurs moyens par leurs réponses, et la manière qu'ils conçoivent les choses qu'on leur a expliquées. Ces questions doivent leur être faites avec aménité, pour ne pas les intimider, et avec clarté, pour ne pas les embarrasser. S'ils répondent mal, c'est qu'ils ont mal conçu ; alors, sans les traiter de *sots*, de *mal-adroits*, *d'imbécilles*, et autres épithètes humiliantes, on leur explique de nouveau la chose, en les invitant, sans aigreur, à un peu plus d'attention. Il est rare que dans ces circonstances, un jeune homme intelligent, d'une conception prompte et facile, ne se décèle par quelque réponse juste. J'ai déjà indiqué le parti qu'on pouvait tirer de ces heureuses dispositions ; il serait à souhaiter que tous les instructeurs de cavalerie, n'ayant en vue que la prospérité de leur arme, s'attachassent à les cultiver, à les encourager par des éloges modérés, qui leur donnent le désir et la volonté d'en mériter de plus flatteurs encore. Cette espèce de considération, imperceptible pour les autres, qu'on accorde à un cavalier qui remplit bien ses devoirs, et qui se distingue au travail par son application et son aptitude, est la plus douce récompense que l'on puisse accorder, pour des Français surtout, de qui on obtient tout avec ce talisman si puissant sur leurs âmes : *l'honneur !*

Ici se termine ce que je regarde comme la

seconde partie de la première leçon : quoique jusqu'à présent l'usage n'en ait admis que deux, l'ordonnance, cependant, en distingue bien trois. Si on me le conteste, du-moins conviendra-t-on que cette division peut faciliter beaucoup les progrès de l'instruction, et contribuer à avoir un plus grand nombre d'hommes mieux placés à cheval, parce qu'il n'y a que ceux dont la conformation est tout-à-fait heureuse, qui ne sont pas gênés dans le mouvement circulaire, au point de se raccrocher et d'employer la force pour se tenir.

TROISIÈME PARTIE.

Travail à la longe, les chevaux en couverte et en bridon.

(*Voyez l'ordonnance*, n.º 145). *Lorsque les cavaliers de recrue seront bien habitués au mouvement du cheval*, par le travail sur des lignes droites, et par les mouvemens précipités, *on les fera travailler à la longe sur de très-grands cercles, d'abord au pas.*

Les quatre mêmes cavaliers seront placés sur un rang, les files ouvertes *à quatre pas d'intervalle*. Afin de leur apprendre *les mouvemens de tête*, on commandera :

1 Garde à vous.

2 Tête (*à*) droite (ou (*à*) gauche).

Mouvemens qui devront s'exécuter avec aisance et sans roideur.

Pour replacer les têtes directes, on commandera :

1 Garde à vous.

2 Tête directe.

(*Voyez l'ordonnance*, n.º 145). Les mouvemens de tête pouvant entraîner les épaules, on recommandera aux cavaliers *de ne la tourner que fort peu*, et, sans roideur comme sans à-coup. Elle doit pivoter sur son axe librement, sans s'élever ni se baisser ; elle aura dû conserver la position qui lui a été déterminée. Plus tard, dans les alignemens de pied ferme, et les mouvemens de conversions, je ferai voir les inconvéniens qu'il y aurait à la tourner trop. Sans expliquer aux cavaliers pourquoi, et dans quelles circonstances ils doivent la tourner, il suffira d'exiger qu'ils *ne la tournent que fort peu*, de manière seulement à découvrir la poitrine du second cavalier du côté vers lequel ils la tournent. Il faudra veiller à ce que l'épaule du côté opposé ne soit pas entraînée par ce mouvement.

Maintenant, il faut deux instructeurs pour donner cette leçon ; l'un tiendra la longe, et sera subordonné à l'autre, qui tiendra la chambrière, et qui sera chargé du détail et des commandemens. C'est ce dernier qui est réellement l'instructeur, et duquel j'exige *instruction, patience, douceur, intelligence* et clarté dans ses explications. L'autre n'est qu'un agent secondaire, et le plus souvent un cavalier intelligent, destiné à devenir lui-même instructeur (du-moins cela devrait être). Il sera placé à la droite du premier cheval, tenant les anneaux de la longe dans sa main droite, et de sa gauche tenant le cheval à environ un pied de la tête.

Le cavesson sera placé de manière à ne pas gêner la respiration du cheval, en tombant sur les naseaux, et à ne pas le blesser en étant trop serré. Pour mettre les cavaliers en mouvement sur le cercle, l'instructeur commandera :

1 Garde à vous.

2 Par cavalier à droite.

3 Marche.

Et le mouvement étant près de finir, le premier cavalier se trouvant sur la piste circulaire :

4 En — avant.

L'instructeur qui tient la longe aidera le premier cavalier à tourner à droite, le placera sur la piste, et marchera à peu-près un tour avec le cheval, pour le bien établir sur le cercle ; et, déroulant ensuite les anneaux de la longe, insensiblement, pour ne pas attirer le cheval en-dedans, il *se placera en arrière du rang, au centre du cercle.*

L'instructeur recommandera dans ce moment au premier cavalier, de soutenir son cheval de la rêne et de la jambe du dehors. Les autres auront dû suivre le premier.

Les cavaliers doivent travailler sur de très-grands cercles, d'abord au pas : plus le cercle aura de circonférence, moins les chevaux devront être pliés, et moins, par conséquent, les cavaliers auront de travail pour les maintenir; ils seront donc moins gênés dans leur position, que le mouvement circulaire tend à détruire, en leur amenant le haut du corps en-dedans, et en laissant la partie du dehors en arrière. L'ordonnance a donc prévu les inconvéniens du travail en cercle, et a voulu les atténuer autant que possible, en prescrivant de ne faire travailler les cavaliers que *sur de très-grands cercles, et au pas d'abord,* comme étant l'allure la plus douce, et qui laisse aux cavaliers le libre exercice de tous leurs moyens. On doit donc se conformer à cette règle de l'ordonnance, et la prendre dans le sens le plus étendu.

Les instructeurs veilleront à ce que le haut du corps et la tête ne soient pas dérangés par le mouvement du cheval, on aurait dû ajouter : et par le mouvement circulaire.

Le cavalier doit être placé carrément à cheval, et ses épaules dans la direction du rayon du cercle; c'est-à-dire, qu'une ligne droite qui seroit amenée du point central de ce même cercle, devrait passer par les deux épaules du cavalier, sans dévier de sa direction. Le cavalier, en continuant de marcher, se maintiendra dans cette position, de manière que l'extrémité de cette ligne droite qui aboutit au centre, ne le quitte pas, tandis que l'autre parcourra toute la circonférence. Mais il ne suffit pas que les épaules y soient dans cette direction, il faut encore que les hanches et tout le corps s'y maintiennent.

J'ai dit que le corps de l'homme, dans le mouvement circulaire, et même celui du cheval, étoient en proie à deux forces, dont l'une tendait à l'attirer au centre du cercle, et l'autre à le jeter en-dehors : la première *est la force centripède, et la dernière, la force centrifuge,* qui, agissant contradictoirement, rendent ce mouvement si difficile, et la position de l'homme si incertaine. Pour les combattre avec succès, et les annuler même, les cavaliers doivent, non pas avancer l'épaule et la hanche du dehors, ils se livreraient tout entiers a la force *centripède;* mais ils doivent, par une légère impulsion *des muscles lombaires* (des reins), les maintenir carrément dans la direction du rayon du cercle. Ils auront attention de ne point se pencher en-dedans, et de s'opposer à la propension que le mouvement leur en donne, et sentant également le poids du corps sur les deux fesses; ce sera un indice

sûr que le corps est droit, comme le contraire
en serait un qu'il penche à droite ou à gauche.

*Les instructeurs s'occuperont de faire por-
ter la ceinture le plus en avant possible,* parce
que la ceinture en avant chasse les fesses sous
le centre de gravité, fait tourner les cuisses sur
leur plat, et les fait allonger, et maintient la
hanche et l'épaule du dehors carrément. Je
suis sûr que ceux qui ont étudié le mouvement
en cercle, ne me contesteront encore pas cette
vérité : il est impossible de porter la ceinture
en avant, sans d'abord être carrément à cheval:
autrement le corps et les cuisses éprouveraient
une torsion, qu'il est aussi impossible que gênant de conserver.

*On passera successivement du pas au trot,
et du trot au pas, pour accoutumer les cavaliers à changer d'allure.*

Quand on verra que les cavaliers commencent à prendre l'habitude du travail en cercle,
et qu'ils auront conçu les moyens à employer
pour conserver leur position, on pourra les
faire passer au trot; mais ce trot doit être très-
modéré. On commandera :

1 Garde à vous.

2 Au trot.

3 Marche.

Les instructeurs, que je suppose savoir,
au-moins les cinq premières leçons, expli-
queront aux cavaliers la manière de doubler

l'allure, telle qu'elle se trouve dans la seconde leçon. On laissera les cavaliers très-peu au trot; aussitôt qu'on en verra quelques-uns qui s'ébranleront, on commandera:

1 Garde à vous.
2 Au pas.
3 Marche.

Je renvoye également à la seconde leçon pour le détail du mouvement, qui n'est d'ailleurs qu'un temps d'arrêt, formé avec les modifications que j'ai indiquées. On rectifiera mieux la position des cavaliers au pas qu'étant arrêté, par les raisons que j'ai données dans la seconde partie.

A mesure que les cavaliers prendront plus d'aisance, qu'ils travailleront avec plus de liant et d'assurance, on exigera qu'ils s'occupent davantage de leurs distances, qui devront être aisées à cette leçon.

Changement de main à la longe.

(Voyez l'ordonnance, n.º 146, planche 30, figure 4).

On pourrait faire un changement de main comme il est dit à la deuxième leçon, les cavaliers suivant le premier, et tournant tous sur le même terrain; mais comme après le changement de main il doit y avoir un repos, et que d'ailleurs, cette manière a un but d'utilité, en ce qu'elle habitue les cavaliers à conduire eux-mêmes leurs chevaux: on le fera exécuter tel qu'il est détaillé au n.° 146. Chaque cavalier tourne successivement au commandement *tournez* (à) *droite*, que lui fait l'instructeur quatre pas au-delà du point où a tourné celui qui était immédiatement devant lui; vient ensuite se placer à sa droite, à quatre pas d'intervalle, et dans la direction du rayon du cercle, de manière à ce que tous soient disposés circulairement, et non sur une ligne droite.

Dans son mouvement particulier, chaque cavalier décrit un demi-cercle, dont les deux extrémités aboutissent à la piste circulaire, et ils doivent passer chacun par le centre de celui qui a été décrit par le cavalier qui précède. De cette manière le mouvement sera correct.

On commandera *repos*, et dans son intervalle on fera prendre aux cavaliers le premier mouvement de *pincez-des-deux* ; et surtout, on profitera de ce moment pour les faire exercer d'eux-mêmes à sauter à cheval, à terre, à droite et à gauche avec dextérité.

Pour les remettre en mouvement, à main gauche, on commandera :

1 Garde à vous.

2 Par cavalier à gauche.

3 Marche.

(Voyez l'ordonnance, n.° 147, pl. 30, fig. 5).

Cela s'exécutera avec les mêmes attentions de la part de l'instructeur qui tient la longe, et qui se trouve placé à la gauche du premier cheval de gauche.

Les instructeurs s'occuperont avec soin, dans ce travail à la longe, de bien affermir les cavaliers dans la position du corps, de la ceinture, des cuisses et des jambes, en passant d'une partie successivement à l'autre, pour instruire le cavalier sans le troubler.

C'est en attaquant le défaut principal d'un cavalier qui en a plusieurs, que l'instructeur doit travailler à la destruction de tous. Quand on est parvenu à le corriger, ou du-moins à le modifier, les autres, qui ne sont que les conséquences de celui-là, se trouvent aussi corrigés, ou modifiés proportionnellement. Il faut donc le leur signaler, sans leur faire une énumération désespérante de tous les autres, qui les décourage, et les fait croire à l'impossibilité de les détruire. Il faut sans cesse leur rappeler la position du cavalier à cheval; les moyens à employer pour la conserver sans se fatiguer, qui sont le liant, *le lacher*, la souplesse des deux parties mobiles, au moyen desquelles on obtiendra l'aplatissement des fesses et des cuisses, et leur adhérence au cheval; la souplesse et la flexibilité moëlleuse des reins, pour annuler les réactions, et se conformer selon les circonstances, aux variations de la base.

C'est surtout à l'allure du trot, qu'il faut bien leur recommander de se lier aux mouvemens

du cheval, sans serrer les cuisses, ni s'attacher
à la main. On leur fera concevoir, et on leur
répétera souvent, qu'à chaque temps de trot,
la ceinture doit se rapprocher du garrot du
cheval, par une légère flexion en avant.

(N.º 148 *du texte de l'ordonnance*). Durée
et division de la leçon en quatre reprises,
qu'on commencera alternativement à droite et à
gauche; chose qui dépend de mille circonstances locales, telles que le nombre de recrues que l'on a à exercer, et le nombre d'instructeurs à employer; les différentes classes
auxquelles ces mêmes instructeurs sont atta-
chés; les heures auxquelles ces classes travaillent; et enfin, l'emplacement que l'on a;
la saison dans laquelle on se trouve, et sa
température; les pluies, les neiges, les frimâts,
etc., etc.

Pour terminer la reprise, l'instructeur qui
tient la longe la pliera en anneaux, qu'il tiendra d'une main, et de l'autre empoignera la
longe à environ un pied de la tête du cheval;
l'autre commandera:

En — avant.

A ce commandement, le premier cavalier,
aidé de l'instructeur qui tient la longe, rompra la ligne circulaire, en se portant droit devant lui; tous les autres le suivront; et lorsqu'ils seront tous sur une même ligne,
l'instructeur commandera :

Halte.

Ou bien sans arrêter :

1 Par cavalier à droite (*ou à gauche*).

2 Marche.

Et le mouvement fini :

3 Halte.

L'ordonnance dit de faire exécuter alors des *à-droite et des à-gauche, ainsi qu'il a été expliqué;* mais j'ai dit les raisons qui me faisaient préférer de les affermir dans cette instruction avant le travail en cercle ; raisons que je crois suffisantes. Il n'y aurait pas d'inconvéniens à leur en faire exécuter, cependant, si le laps de temps consacré à la leçon le permet.

On fera ensuite sauter à terre, et *défiler par la droite et par la gauche alternativement,* et rentrer les chevaux à l'écurie, avec les mêmes précautions que j'ai indiquées, pour éviter les accidens.

(N.º 149 *du texte de l'ordonnance*). Les excellentes observations qui terminent cette leçon, commentées et développées, donneraient un résumé détaillé de tous les principes qui y sont contenus. Quelle surveillance, en effet, n'exige point la position des cavaliers de recrue? Quels soins, et quelle attention ne faut-il pas avoir pour apercevoir les défauts de chacun, et leurs causes, afin de pouvoir les combattre avec succès, et empêcher *qu'ils ne dégénèrent en mauvaises habitudes?* est-ce un instructeur ignorant *qui usera de cette leçon avec une sage réserve*, pour ne point fatiguer le corps et l'attention des cavaliers ?.. Aura-t-il pu leur faire concevoir, selon ce qu'ils sont capables d'en saisir, la substance des principes que j'ai détaillés dans cette leçon? substance que l'ordonnance donne, mais que lui-même n'a pas saisie, et qu'on voudrait en vain qu'il fasse concevoir aux cavaliers par un détail inintelligible et tronqué, débité sans égard pour les oreilles qui doivent l'entendre.

En parlant *d'instructeurs ignorans*, je ne prétends point parler de ceux en qui le tact et l'expérience suppléent à la théorie raisonnée; de ces anciens et braves militaires, à qui la cavalerie française doit, pour ainsi dire, sa régénération; mais je veux parler de ces *donneurs de leçons*, de ces *entremetteurs*, si je puis m'exprimer ainsi, qui, parce qu'ils ont retenu çà et là, quelques mots techniques, qu'ils entremêlent au détail de la théorie avec un contre-sens si ridicule; qui, parce qu'ils débitent ces sottises avec un front d'airain et une voix de Stentor, croyent, se persuadent même qu'ils sont instructeurs, des hommes infiniment utiles.

Je m'élève contre ces fléaux de la cavalerie! C'est de leurs mains que je voudrais pouvoir faire tomber *l'instruction*, que d'anciens préjugés, et la prescription, leur fait conserver encore dans beaucoup de corps.

Si je me suis un peu étendu sur la première leçon, c'est parce que je suis persuadé que c'est *des premiers principes mal donnés et mal conçus que proviennent toujours les attitudes forcées et gênées qu'on ne détruit qu'avec peine* dans le cours des autres leçons ; ou, en donnant aux cavaliers, la bonne, la véritable position; en prévenant leurs défauts, en les corrigeant dès leur naissance, on s'évitera bien des peines, et on formera de bons cavaliers.

Quand on jugera les cavaliers en état de monter en selle, on les fera passer à la seconde leçon.

FIN DE LA PREMIÈRE LEÇON.

DEUXIÈME LEÇON.

Travail en cercle, les chevaux étant sellés, et en bridon.

L'ORDONNANCE fixe le nombre des cavaliers qui doivent travailler ensemble à la seconde leçon, à huit; on peut, sans inconvéniens, en faire travailler moins, ou plus, en ayant attention, cependant, qu'ils soient en nombre pair, afin de pouvoir mieux leur faire concevoir les principes de doublemens et de dédoublemens qu'ils doivent recevoir dans cette leçon. Il sera plus avantageux et plus régulier de se conformer à l'ordonnance, quand on en aura la possibilité, parce que d'abord, en en mettant plus de huit, ils peuvent être gênés dans le cercle, lorsqu'on en est venu au point de faire former la rang; et qu'ensuite, en en mettant moins, le dernier rang de quatre se trouve incomplet, ce qui empêche de bien faire comprendre la manière de marcher quatre, et de rompre par deux.

L'instructeur, avant que de commencer la leçon, doit porter son attention sur la manière dont les chevaux sont *sellés*. Il importe beaucoup, pour les progrès des cavaliers dans la bonne position, qu'ils le soient bien. Il est aussi très-urgent, dans ces commencemens, que les selles soient bonnes. C'est surtout dans la cavalerie légère, que l'attention doit le plus porter sur cet objet; car les cavaliers sont plus susceptibles encore de se blesser, par les aspérités que présentent les selles à la hussarde. Les instructeurs doivent prendre, à ce sujet, toutes les précautions possibles; car l'instruction des cavaliers est souvent retardée par les écorchures qu'ils se font aux fesses, aux cuisses, etc. Quelquefois elles ont encore des suites plus facheuses, en ce que des cavaliers, pour éviter la douleur qu'elles leur occasionnent, se roïdissent, se jettent sur l'enfourchure, ou portent tout le poids du corps sur la fesse qui n'est pas blessée, pour soulager celle qui souffre. Ils prennent de mauvaises habitudes, des attitudes forcées, et presque toujours un point d'appui sur les rênes. On doit sentir tous les inconvéniens qui découlent de l'insouciance de beaucoup d'instructeurs sur cet objet. Cette attention, cependant, est de leur ressort, comme toutes celles qui tendent à accélérer, à améliorer l'instruction des cavaliers qu'on leur confie.

L'instructeur passera donc l'inspection des hommes et des chevaux, et rendra responsables des inexactitudes qu'il aura remarquées, les brigadiers et maréchaux-des-logis de semaine, des escadrons auxquels appartiennent les cavaliers et les chevaux qu'il aura trouvés dans ce cas.

Il doit s'assurer que les cavaliers ayent tous

des cols d'ordonnance, parce qu'ils aident à la position de la tête. Il faut aussi que leurs pantalons (de treillis ou de cheval) soient garnis de *sous-pieds*, pour empêcher qu'ils ne remontent, et qu'ils ne forment ainsi des plis, ou bourrelets, sous les fesses et les cuisses, qui détruisent leur assiette, et les blessent promptement.

Après avoir pris toutes ces précautions, et fait les rectifications nécessaires, il placera les huit cavaliers sur un rang, à files serrées, et placés devant leurs chevaux, comme il a été dit à la première leçon. Il les alignera, replacera les têtes directes, et commandera :

   1 Garde à vous.

   2 Par la droite du rang, comptez vous quatre.

(N.o 150 *du texte de l'ordonnance*). Les cavaliers se compteront par quatre, d'une voix forte, claire et distincte, sur le même ton et sans tourner la tête. On leur recommandera de ne pas oublier leur numéro ; ensuite on commandera :

   1 Garde à vous.

   2 Préparez - vous — pour monter (à) cheval.

' Un temps et six mouvemens pour la grosse cavalerie ; un temps et cinq mouvemens pour la cavalerie légère; et un temps et quatre mouvemens pour les lanciers. (*Voyez l'ordonnance, n.ºs 151 et 19 de l'instruction sur la lance*).

Dans toute arme, les instructeurs exigeront une grande régularité, et beaucoup de calme pour se préparer à monter à cheval, surtout au deuxième mouvement, où les nombres *deux* et *quatre* doivent reculer leurs chevaux de quatre pas; on leur commandera de ne leur point donner de saccades, ce qui offenserait les barres et pourrait les faire cabrer; de reculer bien droit, de manière à se trouver vis-à-vis leurs intervalles. Ils donneront un coup-d'œil à gauche, afin qu'étant arrêtés ils soient alignés. Il importe beaucoup d'habituer les cavaliers, dès-lors, à ne pas brusquer les chevaux, afin de les rendre dociles, et tranquilles *au montoir*. Au dernier mouvement pour se préparer à monter à cheval, les cavaliers devront sentir avec les rênes du bridon, un léger appui sur la bouche, pour empêcher les chevaux de se porter en avant, mais assez modéré pour ne pas les faire reculer. Ensuite on commandera:

3 A — cheval.

(*Voyez l'ordonnance, n.ºs 152 et 20 de l'instruction sur la lance*). Un temps et deux mouvemens pour la grosse cavalerie, et un temps et un mouvement pour la cavalerie légère et les lanciers : la première partie du commandement, qui est *à*, devient commandement d'exécution; les cavaliers doivent, à sa prononciation vive et énergique, *s'élancer fortement du pied droit, en tirant les crins à eux*, sans tirer sur les rênes, ce qui pourrait faire cabrer et renverser le cheval, et sans tirer sur la selle, ce qui la ferait tourner. La main droite doit seulement appuyer sur le troussequin, ou la palette, pour la maintenir.

A la seconde partie du commandement, qui est *cheval*, il faut, avec les attentions que prescrit l'ordonnance, arriver bien doucement en selle, sans se laisser tomber avec à-coup, ce qui ferait faire un mouvement au cheval, et, sans s'occuper de ses étriers, prendre de suite une rêne du bridon dans chaque main, redresser son cheval, et le ramener vis-à-vis son intervalle, s'il s'en est écarté. Il faut avoir la plus scrupuleuse attention de ne pas lui faire sentir l'éperon, le caresser au contraire, après l'avoir replacé. C'est en n'omettant aucune de ces petites attentions, qu'on parviendra sûrement à avoir des cavaliers sages et des chevaux tranquilles *au montoir*.

Les chevaux étant calmes, et l'alignement des deux rangs étant rectifié, on commandera :

Reprenez vos rangs.

(*Voyez l'ordonnance, n.*º 153, *pl.* 31,

figure 2). Il faut exiger des cavaliers qu'ils se conforment exactement à ce que prescrit l'ordonnance à ce commandement.

Quand les nombres *deux* et *quatre* seront rentrés dans leurs intervalles, on fera aligner le rang, et relever les étriers, dont ils ne doivent point encore se servir; ils les croiseront, et les assujétiront sur l'encolure du cheval, pour n'en être pas incommodés pendant le travail.

(*Texte de l'ordonnance*, n.º 154). *On fera travailler les cavaliers à la longe, comme dans l'instruction précédente, en observant que lorsqu'on voudra marcher à main droite on rompra par la gauche, et lorsque ce sera à gauche, on rompra par la droite.*

L'objet de la seconde leçon est de confirmer les cavaliers dans le mouvement circulaire, et de leur donner l'aplomb et la tenue à cheval, par l'usage plus fréquent de l'allure du trot.

Quand on voudra les mettre sur la piste, à main droite (la gauche en tête), on placera le cavesson au cheval de gauche; l'instructeur qui tient la longe aura les anneaux dans la main droite, et de la gauche il tiendra le cheval, par cette même longe, à environ deux pieds de la tête. Il se placera entre le premier et le second cavalier de gauche.

Marcher à main droite,

Les cavaliers étant sur un seul rang.

On commandera :

1 Garde à vous.
2 Par la gauche par un.
3 Marche.

(*Voyez l'ordonnance, n.º* 155, *pl.* 32).
Il est essentiel de bien expliquer ce mouvement aux cavaliers; car accoutumés jusqu'alors à marcher ensemble, il leur a moins fallu de moyens pour rassembler et mettre en mouvement leurs chevaux; mais ici il faut qu'ils rompent un à un; qu'ils ayent la double attention de les contenir, pour les empêcher de partir en-même-temps que celui qui est à leur gauche; et qu'ensuite ils se mettent successivement en marche séparément. Tout cela nécessite plus d'accord, plus d'à-propos dans l'action des mains et des jambes.

L'instructeur qui tient la longe aidera, si cela est nécessaire, le premier cavalier à se mettre en marche, et le dirigera sur la piste. Il le suivra, non pour l'aider à tourner son cheval, il devra être assez avancé pour le conduire et le maintenir lui-même, mais pour ne pas gêner les autres dans leur mouvement.

Chaque cavalier rompra successivement, et de bonne heure; puis marchera bien exactement quatre pas droit devant lui, avant que de faire son quart d'*à gauche*, dans la direction duquel il devra joindre la piste.

Lorsque tous les cavaliers auront rompu, qu'ils se trouveront en file sur le cercle, l'instructeur qui tient la longe se placera au centre, avec les mêmes attentions de sa part, et de celles du premier cavalier, que j'ai indiquées au travail à la longe de la première leçon.

Les instructeurs ont deux attentions essentielles à observer dans ce mouvement : 1.° de faire rompre les cavaliers de bonne heure, pour qu'ils ne soient pas obligés de trotter pour arriver à leur distance ; dans ce cas, il y a moins d'inconvéniens à rompre un peu trop tôt que trop tard ; 2.° après avoir rompu et marché quatre pas droit devant eux, veiller à ce que les cavaliers ne se jettent de suite à gauche, pour se mettre en file brusquement. Ils ne doivent faire qu'un quart d'à gauche, et arriver sur la piste un pas plus loin que le point où celui qui le précède immédiatement y est arrivé.

Pour marcher à main gauche, on rompra par la droite ; ce qui s'exécute de la même manière, en sens inverse, et avec les mêmes attentions ; on commandera :

1 Garde à vous.

2 Par un.

3 Marche.

(*Voyez l'ordonnance*, n.° 156, *pl.* 33).

Les cavaliers étant en mouvement, pour les placer et leur faire mieux concevoir la manière de se *mettre au fond de sa selle*, on commandera :

1 Garde à vous.

2 Cavaliers.

3 Halte.

Quoique les principes d'équitation soient partout et dans toutes les circonstances les mêmes, et que la manière de s'identifier au cheval sellé ne diffère en rien de la manière de s'y lier en couverte; cependant il est certain que le cavalier y trouvera une différence très-sensible, qui vient du corps intermédiaire épais et élevé que la selle forme entre lui et le corps du cheval; corps dont la dureté et l'inflexibilité lui interceptent la perception des mouvemens de l'animal; perception que le contact presqu'immédiat des deux corps lui rendrait très-sensible. Ajoutons à cela, que plus le corps-intermédiaire sera épais, plus les réactions seront dures pour le cavalier. Il faudra donc lui faire concevoir qu'il doit mettre de la souplesse dans les reins, en proportion de la dureté des soubressauts qui résultent de la réaction. Enfin, il est une infinité de précautions à prendre pour que le cavalier ne perde pas sa position. Les cuisses sont plus susceptibles de remonter, et les genoux peuvent se

raccrocher aux fontes. La palette de la selle
(ou le troussequin), semble engager le cava-
valier à prendre un point d'appui dessus; et
pour peu qu'il s'ébranlera, les fontes, le pommeau, sont encore là pour appuyer ses poignets. Il est donc essentiel, indispensable
même, de lui expliquer de nouveau les moyens
qu'il doit employer pour se lier à son cheval,
pour conserver sa position, sans donner dans
les écueils que je viens de signaler. Il faudra
donc, pendant que les cavaliers seront arrêtés,
leur faire concevoir ces choses, en les leur
faisant *toucher*, pour ainsi dire, *au doigt*.

On leur expliquera aussi ce que l'on entend
par *marcher à main droite*, et *marcher à main
gauche*.

Pour les remettre en mouvement, on commandera :

1 Garde à vous.
2 Cavaliers, en avant.
3 Marche.

(*Texte de l'ordonnance*, n.º 157). *Les
instructeurs s'occuperont avec beaucoup de
soin de la position des cavaliers ; ils prendront garde que le haut du corps ne se porte
point en avant, que la ceinture ne s'écarte
pas du pommeau de la selle, et que la hanche
et l'épaule du dehors ne restent point en
arrière.*

Il faut se rappeler ici tout ce que j'ai dit

sur le mouvement circulaire, à la première leçon, de la difficulté qu'il y a pour conserver sa position, par rapport aux deux forces qui agissent contradictoirement sur le corps de l'homme à cheval ; des moyens que j'ai indiqués pour les combattre, et pour ne point contracter la mauvaise habitude d'avoir le côté du dehors en arrière ; c'est plus particulièrement ici que les instructeurs doivent s'attacher à les expliquer aux cavaliers, et obtenir d'eux, avec beaucoup de patience et de ménagemens, qu'ils s'y conforment, autant que le leur permettra leur conformation, et la souplesse que leur aura déjà donnée le travail. Il faut bien se pénétrer que le principal objet de la seconde leçon est de confirmer les cavaliers dans la position et l'assiette dont on leur a donné les principes dans la première : toute leur attention doit porter sur cet objet. On leur fera bien allonger les cuisses, et porter la ceinture en avant, en les invitant à se relacher de plus en plus.

Croiser les rênes dans les deux mains, alternativement, en marchant en cercle.

(N.º 158 *du texte de l'ordonnance*). Pour commencer à habituer les cavaliers à conduire leurs chevaux d'une seule main, on les leur fera croiser alternativement dans les deux mains. On devra toujours les faire croiser dans la main du dehors; pour leur faire avancer l'épaule et la hanche de ce côté, on commandera :

1 Garde à vous.
2 Croisez vos rênes (*dans la*) main gauche (*ou* droite).

Ce mouvement s'exécutera, maintenant, en un temps et un seul mouvement; c'est-à-dire, que les cavaliers n'attendront pas le commandement *deux* pour replacer la main droite (ou gauche) sur le côté.

Quand les cavaliers auront les rênes croisées dans la main gauche, les instructeurs leur enseigneront à sentir, à distinguer également l'effet de chacune. Le premier doigt devra sentir l'effet de la rêne droite, en arrondissant un peu le poignet à droite, et le rapprochant du corps, les ongles toujours en-dessous : le petit doigt sentira l'effet de la rêne gauche, en baissant et arroudissant un peu le poignet à gauche, et quand les rênes seront croisées dans la main droite, on distinguera l'effet de la rêne gauche avec le premier doigt, en arrondissant le poignet à gauche, et l'effet de la rêne droite avec le petit doigt, en arrondissant le poignet à droite. Il est nécessaire que les cavaliers acquièrent ce tact, pour maintenir leurs chevaux sur la piste, quand les rênes sont croisées dans une main.

Pour faire séparer les rênes, on commandera :

1 Garde à vous.

2 Séparez —— (*vos*) rênes.

Tous ces mouvemens de rênes se communiquant des mains du cavalier à la bouche du
cheval, et pouvant, par conséquent, l'arrêter
ou lui faire ralentir son allure, on recommandera aux cavaliers de tenir les jambes près,
proportionnément à la sensibilité du cheval.

Changement de main.

(N.º 159 *du texte de l'ordonnance*). *Les
changemens de main se feront au pas, d'a-
près les principes de la première leçon.*

Ne confondons pas les changemens de main
de la deuxième leçon avec ceux de la première : dans aucune école, dans aucun corps
de cavalerie, on ne les fait exécuter de même.
Si l'ordonnance semble le dire, c'est qu'elle
n'a entendu parler que des moyens à employer
pour tourner les chevaux : *dans les changemens de main à droite, les cavaliers se serviront de la rêne droite, et de la jambe droite,
en soutenant les hanches du cheval de la
jambe gauche ; dans les changemens de main
à gauche, les cavaliers se serviront des
moyens contraires.*

Que ce soit sur le même terrain, ou non,

que les cavaliers tournent leurs chevaux, les
moyens pour le faire sont toujours les mêmes ;
il y a cependant différentes attentions à observer dans ces deux cas ; j'ai indiqué à leur lieu
celles qu'il faut avoir pour les changemens de
main de la première leçon ; je vais indiquer
aussi celles qu'il est indispensable d'avoir pour
ceux de la seconde.

Lorsque les cavaliers auront marché assez
long-temps à main droite, on les fera changer
de main, ainsi qu'il suit :

L'instructeur qui tient la longe la pliera en
anneaux dans la main droite, en s'approchant
du premier cheval, sans l'attirer à lui ; il saisira
la longe à trois pieds, environ, de la tête du
cheval ; car ne n'est plus lui qui doit le conduire, c'est le cavalier seul. L'instructeur qui
donne la leçon commandera :

1 Garde à vous.
2 Tournez (à) droite.
3 En — avant.

Au commandement *tournez à droite*, le
premier cavalier ouvrira la rêne droite et
fermera la jambe droite, tournera son cheval
en avançant, et se portera droit devant lui,
au commandement *en avant*; il traversera le
cercle, en passant par le centre ; et lorsqu'il
sera près d'arriver au côté opposé de la piste,
l'instructeur commandera :

1 Tournez (à) gauche.
2 En — avant.

Au commandement *tournez à gauche*, le premier cavalier tournera son cheval à gauche, d'après les principes indiqués, et suivra le cercle au commandement *en avant*.

Tous les autres cavaliers tourneront successivement sur les mêmes points que le premier, et à la même allure.

Pendant que le premier cavalier traversera le cercle, après l'*à-droite* exécuté, l'instructeur qui tient la longe, et qui est placé à la droite du premier cheval, passera à sa gauche, en changeant les anneaux de la longe, de la main droite, dans la main gauche; il aura attention, en passant devant la tête du cheval, de ne point l'effrayer par un mouvement trop brusque, et de ne point lui donner de saccades du cavesson, en changeant la longe de main.

Quoique ces mouvemens ne soient pas d'une grande conséquence, comme d'une grande difficulté, les instructeurs exigeront cependant une grande rectitude dans leur exécution, et cela dépendra beaucoup de la manière et de l'à-propos avec lesquels ils feront leurs commandemens. Le commandement *en avant*, surtout, contribue beaucoup à la correction du mouvement; si la première partie (*en*) est prononcée un peu avant que l'à-droite ou l'à-gauche soit fini, le cavalier préparera son cheval à se porter droit devant lui à la seconde (*avant*), et le mouvement se terminera progressivement.

Lorsque le premier cavalier traversera le

cercle, pour se porter au côté opposé de la piste, l'instructeur doit prononcer la première partie du commandement (*tournez*) de bonne heure, afin de pouvoir prononcer la seconde (*gauche*), à trois pas de la piste, de manière que le premier cavalier tourne son cheval en avançant, et que son arc de cercle finisse précisément sur la piste où le commandement *en-avant* le mettra en mouvement.

Il faudra bien recommander aux cavaliers qui suivent le premier, de tourner exactement sur le même point que lui, et de soutenir leurs chevaux de la rêne et de la jambe opposée au côté où l'on tourne, parce que tous les chevaux ont une propension à s'y jeter pour agrandir leur arc de cercle.

Le changement de main, *à main gauche*, s'exécutera d'après les mêmes principes, en les appliquant aux moyens contraires.

(*Texte de l'ordonnuce*). *Il faudra, dans le courant de cette reprise, passer souvent du pas au trot, et du trot au pas.*

J'ai dit que l'objet de cette leçon était de *confirmer les cavaliers dans le mouvement circulaire, et de leur donner l'aplomb et la tenue à cheval, par l'usage plus fréquent de l'allure du trot.* M. de Montfaucon, dans son Traité d'équitation, s'exprime ainsi sur cet objet :

« Comme le trot est l'allure du cheval
» qui, par ses mouvemens secs et multipliés,
» occasionne le plus d'ébranlement dans la

» position du cavalier ; pour l'accoutumer à
» ces espèces de sauts répétés, on lui fera
» faire de petites reprises...............

» Il vaut mieux, d'abord, ne faire que de
» courtes reprises ; la raison en est que le
» trot fatigant beaucoup plus que le pas,
» surtout dans les commencemens, où l'on
» n'a encore ni aisance, ni aplomb ; si donc,
» avant que l'élève ait atteint ce degré, on lui
» faisait faire de longues reprises, il arrive-
» rait que, ne pouvant conserver assez long-
» temps les forces nécessaires pour soutenir
» ses reins, il se roidirait pour fixer son
» assiette ; ce qui, loin de l'assurer, produi-
» rait un effet contraire..............

» Le trot étant, comme nous venons de
» le dire, l'allure qui donne le plus d'ébran-
» lement au corps dans sa position, c'est à
» cette allure, surtout, que l'écuyer (l'instruc-
» teur pour nous) devra s'occuper davantage
» de la position du cavalier, le suivre dans
» tous ses mouvemens, lui donner les moyens
» de parer au dérangement causé par la viva-
» cité de l'allure ; corriger tous ses défauts...
» C'est, enfin, à cette allure, que le cava-
» lier, usant de tous les moyens qu'on lui in-
» dique, doit acquérir de l'assiette ».

Ces moyens sont le liant, la souplesse des
reins, *le lacher* et le moëlleux des articulations
des cuisses et des jambes, et l'accord parfait
qui doit exister entre le centre de gravité de
l'homme et celui du cheval.

Passer du pas au trot.

On commandera :

1 Garde à vous.
2 Au trot.
3 Marche.

(*Voyez l'ordonnance*, n.° 160). Il faudra avant que de commander *marche*, expliquer bien clairement aux cavaliers ce qu'ils ont à faire aux commandemens préparatoire et d'exécution; de manière qu'à ce dernier ils partent tous ensemble au trot, sans à-coup, et sans que les distances se perdent.

Le trot de la deuxième leçon doit être modéré, mais soutenu. Les cavaliers calmeront, par des demi-temps d'arrêts fréquens, les chevaux qui s'animent, et aideront des jambes, et donneront un peu de liberté des mains, au contraire, à ceux qui seront froids et paresseux. Dans le moment du départ au trot, les instructeurs observeront si les chevaux ne se jettent point en-dedans du cercle; et dans ce cas, ils recommanderont aux cavaliers d'ouvrir la rêne du dehors, et de fermer la jambe du dedans, pour les remettre sur la piste.

Après avoir fait quelques tours de cercle au trot, et pour peu que l'on s'aperçoive que quelques cavaliers s'ébranlent, ou qu'ils se roidissent, on commandera :

    1 Garde à vous.

    2 Au pas.

    3 Marche.

*(*Voyez l'ordonnance, n.°* 163). Le détail de l'ordonnance n'est pas satisfaisant en cet endroit : un demi-temps d'arrêt ne suffit pas toujours pour passer du trot au pas ; et ce qui peut suffire pour ralentir le trot, ne suffirait certainement pas pour le faire cesser au commandement. L'action, en effet, doit être la même, mais plus marquée. On ralentit petit-à-petit ; mais on passe au pas à la dernière sillabe du commandement *marche*. Voici le détail qu'il faut faire aux cavaliers pour exécuter ce mouvement :

Au commandement AU PAS, soutenir les poignets et tenir les jambes près, pour préparer son cheval à prendre le pas.

Au commandement MARCHE, s'asseoir en portant la ceinture en avant, élever en-même-temps les poignets, en les rapprochant du corps sans les arrondir, et tenir les jambes près sans les fermer, pour empêcher le cheval de s'arrêter ; le cheval ayant obéi, replacer les poignets, et relâcher les jambes par degrés.

Il faut encore, dans cette circonstance, veiller à ce que les chevaux ne se jettent point tout-à-coup en-dedans du cercle, au moment où ils prennent le pas ; pour cela, il faut recommander aux cavaliers de sentir la rêne du dehors, et de tenir la jambe du dedans près.

Aussitôt que les cavaliers seront au pas, les instructeurs s'occuperont de rectifier leur position ; de replacer ce que le trot a dérangé ; les fesses se jettent en arrière, et les cuisses remontent : il faut leur faire avancer la ceinture, chasser leurs fesses sous eux, et allonger les cuisses en les tournant bien sur leur plat. Les jambes se sont portées en avant : il faut leur faire plier légèrement les genoux, et relâcher la cheville du pied. Il faut leur faire relever la tête, et effacer les épaules, que l'allure du trot leur a amenées en avant. Enfin, il faut leur rappeler en entier la position du cavalier à cheval ; leur faire élever et secouer les cuisses pour les assouplir, et donner du jeu aux articulations. C'est alors que les instructeurs ayant remarqué les défauts, les vices de position de chacun, doivent s'attacher à détruire les principaux, qui en se modifiant, en atténueront une foule d'autres qui émanent d'eux.

Un défaut que les cavaliers ont bien souvent encore, c'est de laisser échapper les rênes de leurs mains, en ne les tenant que du bout des doigts. Il faut les leur faire placer dans le milieu de la main, et bien fermer les doigts, sans les serrer avec force, ce qui finirait par les fatiguer, et propagerait la roideur du poignet jusqu'à l'épaule.

Quand la position des cavaliers sera bien rectifiée et raffermie, qu'ils seront bien à leurs distances, on leur fera reprendre le trot; et successivement ainsi, on leur fera faire de courtes et fréquentes reprises, jusqu'à ce qu'ils soient bien accoutumés à cette allure; que leur position n'en soit plus dérangée, et qu'ils exécutent correctement et avec précision ces changemens d'allure.

Au commandement d'exécution, les cavaliers éviteront d'attaquer brusquement leurs chevaux, pour qu'ils n'obéissent de même. Au commandement préparatoire, ils auront dû être rassemblés de manière à ce que, en *rendant la main* et fermant moëlleusement les jambes, ils partent légèrement au trot.

(*Texte de l'ordonnance*, n.º 164). *Toutes les fois qu'on passera d'une allure lente à une plus vive, telle que du pas au trot, il faut commencer cette allure très-lentement, et l'augmenter peu-à-peu ; toutes les fois au contraire qu'on passera d'une allure vive à une plus lente, telle que du trot au pas, il faut commencer cette allure en allongeant beaucoup les premiers pas, et la portant peu-à-peu au degré indiqué.*

Il est de la plus grande importance de bien habituer les cavaliers à cette progression, qui est la base principale de l'instruction de la cavalerie. Point de bonnes manœuvres, point de bons résultats sans elle. C'est elle qui donne l'ensemble aux escadrons, et on sait que de l'ensemble naît la force. Les instructeurs donc s'attacheront à bien faire sentir ces conséquences aux cavaliers, et exigeront d'eux qu'ils se conforment strictement à ce que prescrit l'ordonnance à cet égard. Toutes les fois qu'ils les feront passer du pas au trot et du trot au pas, ils ne devront pas omettre de le leur rappeler. C'est à force de le répéter, qu'on finit par l'inculquer dans la tête des cavaliers.

Le *degré indiqué de la vîtesse du trot*, se trouve déterminé dans les *définitions et principes généraux* (article 14 des Bases de l'Instruction), ainsi que celui du pas : pour que le cheval soit au *degré de vîtesse indiqué* pour le trot, il doit, à chaque temps, embrasser environ 3 pieds 8 pouces de terrain; et pour le pas, environ 2 pieds 8 pouces à chaque pas.

(N.° 165 *du texte de l'ordonnance*). Lorsqu'on fera abandonner les rênes aux cavaliers, et abattre les mains sur les côtés, il faut bien saisir l'instant où les chevaux seront calmes et d'à-plomb, et à un trot uni et modéré. Les cavaliers devront être à leurs distances. On ne fera point abandonner les rênes au premier cavalier; il est nécessaire qu'il les conserve pour conduire et maintenir son cheval sur la piste. Il faut prendre garde que les cavaliers, pour se tenir à cheval, lorsqu'ils ont abandonné les rênes, ne serrent les cuisses en se raccrochant. Quand on leur fera reprendre les rênes, par le commandement *à vos rênes*, on veillera à ce qu'ils les reprennent doucement et sans saccades; à ce qu'ils tiennent les jambes près, pour empêcher le rallentissement de l'allure. Quand il y aura quelques chevaux trop ardens, on pourra dispenser les cavaliers qui les montent d'abandonner leurs rênes, parce qu'ils donneraient des atteintes à ceux qui sont devant eux, et pourraient d'ailleurs s'emporter d'une manière fâcheuse pour les cavaliers. Il faudra user de beaucoup de circonspection pour donner cette leçon.

(*Texte de l'ordonnance*, n.° 166). *Tout cheval qui trotte en cercle, doit avoir la tête placée un peu en-dedans; pour cet effet, le cavalier lui fera sentir un peu plus la rêne du dedans que celle du dehors; il doit aussi, pour le contenir en tournant, fermer la jambe du dedans, en soutenant cependant le cheval de la rêne et de la jambe du dehors.*

Si les forces *centripède* et *centrifuge* agissent sur le corps de l'homme, qui est placé verticalement, à plus forte raison doivent-elles agir sur le corps du cheval, qui leur donne beaucoup plus de prise sur lui, par sa position horisontale. La première tend à lui amener les épaules en-dedans, et la seconde à jeter ses hanches en-dehors; il s'en suivrait de ces deux forces opposées, qu'un cheval trottant en cercle et abandonné à lui-même, diminuerait insensiblement son arc de cercle, et finirait par tomber en-dedans, s'il était à une allure très-vive. La pesanteur du corps de l'homme, que je suppose toujours dessus, précipiterait encore sa chûte. Or, il semblerait, que pour contre-balancer cette impulsion, l'effet de la rêne et de la jambe du dehors devrait suffire : en effet; mais en mettant le cheval droit, cette action lui ferait quitter la ligne circulaire. Il est donc nécessaire pour l'y maintenir, que le cavalier lui amène le bout du nez en-dedans, en lui faisant plier et arrondir l'encolure; la rêne du dehors, en contre-balançant l'effet de la rêne du dedans, déterminera cette flexion gràcieuse de l'encolure. Maintenant, pour empêcher que le cheval ne soit amené en-dedans, le cavalier fermera la jambe de ce côté, dont l'effet sera contre-balancé par celle du dehors; ce qui arrondira le cheval dans le sens du cercle qu'il parcourt.

C'est par ces moyens combinés et employés à propos, que le mouvement circulaire deviendra moins difficile pour l'homme et pour le cheval, surtout si le cavalier, bien lié a sa monture, met son centre de gravité dans un rapport exact avec celui du cheval. C'est par de fréquens demi-arrêts formés avec la rêne du dedans, que le cavalier lui amènera le bout du nez en-dedans, car une pression continuelle émousserait la sensibilité de la bouche du cheval, et rendrait nulle l'action de cette rêne. Il faudra donc bien se garder de donner aux cavaliers le faux principe de l'avoir plus courte que l'autre, pour mieux lui ramener la tête en-dedans. Il n'y a que des routiniers et des ignorans qui puissent user d'un tel moyen. Il en est de-même pour la jambe du dedans; elle ne doit pas rester constamment fermée, elle émousserait de même la sensibilité par une pression continuelle; elle doit se relâcher et se fermer alternativement, sans cependant que son effet cesse un moment.

Il est nécessaire que les instructeurs sachent à quoi s'en tenir de ces causes et de leurs effets, afin de pouvoir les faire comprendre EN GROS aux cavaliers, selon qu'ils en seront susceptibles. J'ai déjà dit qu'il serait inutile et minutieux de faire tous ces détails aux cavaliers que l'on instruit; que l'on ne devait s'occuper que de leur faire concevoir les effets sans remonter à la cause; mais des instructeurs doivent être à-même de s'en rendre compte. Sans cela, il n'y a que routine et tâtonnement.

Passer du trot au grand trot.

L'ordre numérique de l'ordonnance se trouve ici interverti; mais j'ai dû le faire, afin de donner au travail des cavaliers la progression qu'il doit avoir; il est bien connu qu'on ne doit leur faire allonger le trot que lorsqu'ils auront acquis l'aplomb et la justesse nécessaires pour bien travailler leurs chevaux au trot ordinaire.

Quand on les aura amenés à ce point, on commandera :

1 Garde à vous.
2 Allongez.

(*Voyez l'ordonnance, n.° 161*). Les cavaliers doivent éviter avec le plus grand soin, d'attaquer brusquement leurs chevaux. Ils devront donner progressivement un peu de liberté des mains, et augmenter l'effet des jambes dans la même gradation, afin que le trot s'alonge peu-à-peu et d'une manière insensible, jusqu'à son plus haut degré de vitesse. C'est surtout à cette allure allongée que les instructeurs doivent recommander aux cavaliers de mettre beaucoup de souplesse dans les reins; de bien s'asseoir en portant la ceinture en avant; d'avancer l'épaule et la hanche du dehors, en raison de ce que l'allure étant plus vive, l'impulsion qui tend à les faire rester en arrière est plus forte; de bien allonger les cuisses, les tourner sur leur plat, sans les serrer; de ne pas prendre de point d'appui aux rênes, enfin, de ne point se pencher en-dedans du cercle.

(*Texte de l'ordonnance*). *Les instructeurs doivent veiller à ce que les chevaux ne forgent point au grand trot; pour l'éviter, il faut que les cavaliers assurent les poignets et ferment les jambes.*

On appelle *forger*, le choc des *pinces* des pieds de derrière, sur les *éponges*, ou *la voûte*, des pieds de devant, action qui prend sa dénomination de celle de ces parties du fer où le choc a lieu. Plusieurs causés font forger le cheval; mais comme ce n'est point ici l'endroit de les indiquer, on fera seulement concevoir aux cavaliers que c'est ordinairement l'abandon avec lequel ils laissent trotter leurs chevaux, qui les fait *forger*; parce que l'avant-main n'est pas allégie, qu'elle est, au contraire, chargée de tout le poids du corps du cavalier, et d'une partie de celui de l'arrière-main; que ses extrémités ne peuvent, par conséquent, se lever assez vite pour suffire à l'impulsion du corps, et que c'est cette raison qui fait que les pieds de derrière, plus prompts dans leur *lever* que ceux de devant, viennent frapper contre eux, avant qu'ils ne se soient débarrassés de dessous le centre de gravité. Quand ce choc a lieu sur la corne des talons, ou à la face postérieure du *paturon*, ou quelquefois même au *boulet*; il en résulte des atteintes souvent très-dangereuses. On rappellera aux cavaliers la manière dont ils doivent allégir *l'avant-main*, par le rejet d'une partie de son poids sur *l'arrière-main*, en même-temps que les jambes donneront plus de *tride* aux hanches, et feront asseoir davantage le cheval.

Les chevaux, dans le trot allongé, ont une grande propension à diminuer leur arc de cercle, en raison de ce que la force centripède agit davantage sur eux, dans un mouvement rapide; il faut recommander aux cavaliers de les contenir sur la piste, par l'action plus marquée de la rêne du dehors et de la jambe du dedans.

Après quelque tours de cercle au trot allongé, on commandera :

1 Garde à vous.
2 Rallentissez.

(*Voyez l'ordonnance*, n.º 162). Il faut, non-seulement former un demi-temps d'arrêt ; mais en former beaucoup, de très-légers(selon la sensibilité du cheval), et continuellement, jusqu'à ce que le cheval se trouve à un trot soutenu, tel enfin, qu'il était avant que *d'allonger*, et dans lequel les jambes devront continuer de l'entretenir, jusqu'à ce que l'instructeur fasse prendre le pas, pour rectifier la position des cavaliers, et expliquer de nouveau ce qui aurait été mal exécuté.

On continuera d'exercer les cavaliers dans cette première partie de la seconde leçon, en les faisant souvent changer de main, et passer fréquemment du pas au trot, et du trot au pas. Il faut aussi les habituer à conserver leurs distances, qui devront être d'un grand pas à cette leçon. Plus généralement, les cavaliers sont trop rapprochés de leurs chefs de file que trop éloignés; il faut y veiller avec soin, et leur répéter souvent ce qu'ils ont à faire pour calmer et rallentir leurs chevaux.

Qu'on me permette de dire ici, que généralement aussi on se presse trop de faire exécuter les doublemens et les dédoublemens. On regarde la première partie de la seconde leçon comme rien, ou peu de chose; on ne s'y arrête que pour faire concevoir les changemens de main (ce qui n'est ni long ni difficile). Les cavaliers, dit-on, ont trotté en cercle dans la première leçon, et cela suffit. On regarde comme but de la seconde leçon, ces premiers principes de doublemens et de dédoublemens, et à peine s'occupe-t-on d'autre chose; aussi, combien voit-on de cavaliers passer à la troisième leçon, qui sont à peine capables de rester à la seconde?.... On se trompe généralement, dans les corps de cavalerie, sur le but et l'emploi de cette leçon; ou, du-moins, on se les dissimule, en pensant qu'à la troisième on aura le temps de songer à l'assiette; erreur: il est plus facile d'expliquer à huit cavaliers, marchant circulairement autour de soi, dans un espace circonscrit, ce qu'ils ont à faire pour se placer, pour se mouvoir à cheval, pour rectifier leurs défauts, que dans un carré vaste, où l'on n'a pas continuellement les mêmes cavaliers sous les yeux, et où la voix se perd souvent, sans frapper que confusément les oreilles de ceux de qui il est essentiel de se faire entendre.

Qu'on ne se fonde point sur le peu de pages

et de mouvemens que contient la deuxième
leçon; c'est parce que l'ordonnance a voulu
qu'on si arrêtât long-temps, qu'elle y en a prescrit si peu; mais les attentions qu'elle recommande dans ce *peu de pages*, doivent suffire
pour faire sentir toute l'importance qu'elle y
attache.

Doubler par deux et par quatre.

*(Texte de l'ordonnance, n.o 167). Quand
la position des cavaliers sera bien assurée , et
que les mouvemens des bras et des jambes
seront libres, les cavaliers marchant à main
gauche, on fera doubler par deux et par
quatre, former le rang, et dédoubler successivement par quatre, par deux et par un.*

Je ne crois pas qu'il soit possible de donner
à ce paragraphe de l'ordonnance d'autre in-
terprétation: ce qu'il dit est positif; aussi personne ne le contestera; mais combien il est
éludé!.... La plupart des instructeurs (j'entends ceux qui prennent ce titre) ne le savent
pas même littéralement; ils savent seulement
qu'après avoir fait passer du pas au trot, du
trot ordinaire au trot allongé, et revenir ensuite au pas, ce qui vient après dans la théorie,
sont les doublemens et les dédoublemens; et
sans s'embarrasser si *la position des cavaliers
est assurée,* si *les mouvemens de leurs bras et
de leurs jambes sont libres*, ils les font exécuter de suite. Voilà le mal qui résulte de

cette négligence à apprendre les observations de l'ordonnance, et surtout de ne pas les raisonner, de ne pas prendre tout ce qu'elles prescrivent au pied de la lettre, et de ne pas s'y conformer avec exactitude. Il est bien à désirer qu'enfin on fasse plus d'attention à la capacité de ceux qui, en dépit de tout, même du bon sens, veulent être instructeurs.

Les cavaliers marchant par un, à main gauche, au pas bien entendu, pour les faire doubler par deux, on commandera :

1 Garde à vous.

2 Marchez deux.

3 Marche.

(*Voyez l'ordonnance, n.° 167, pl. 34*). Quand on aura doublé par deux, et que ce mouvement aura été correct (dans le cas contraire, on ferait de suite dédoubler par un, et recommencer), on fera doubler par quatre ; on commandera :

1 Garde à vous.

2 Marchez quatre.

3 Marche.

(*Planche 35*). L'ordonnance ne donne pas de détail pour ce mouvement ; il est vrai que celui pour *marcher deux* peut servir, en l'adaptant à chaque rang de *deux* ; cependant, comme on ne le trouve pas, chacun fait un détail à sa mode, plus ou moins inintelligible ; ce qui fait que les cavaliers passant des mains d'un instructeur dans celles d'un autre, souvent ne comprennent plus rien à ses explications. On leur fera donc le détail suivant :

Au commandement *marchez quatre*, tous les cavaliers, excepté les deux qui sont à la tête, prépareront leurs chevaux à prendre le trot.

Au commandement *marche*, tous les cavaliers prendront le trot, toujours à l'exception des deux qui sont à la tête. Les deux premiers cavaliers qui ont compté *trois* et *quatre*, se porteront de suite, en obliquant à gauche, à la hauteur et à la gauche des nombres *un* et *deux*, et passeront ensuite au pas. Tous les autres cavaliers continueront de marcher droit devant eux, et au trot, et les nombres *trois* et *quatre* n'exécuteront leur doublement, que lorsque les nombres *un* et *deux*, sur lesquels ils doivent doubler ensemble, seront arrivés à leur distance, et qu'ils auront pris le pas.

S'il y avait plus de huit cavaliers, on ajouterait, que les nombres *trois* et *quatre* n'exécuteront leur doublement *que succéssivement.*

Il ne faudra faire former le rang que lorsque les cavaliers sauront exécuter ces mouvemens correctement, et il faudra, pour cela, les leur faire recommencer souvent, et les leur expliquer chaque fois. Quand on les aura amenés à ce point, les cavaliers marchant par quatre, on commandera :

1 Garde à vous.

2 Formez le rang.

3 Marche.

(*Voyez l'ordonnance, n.º* 168, *pl.* 36¹, *figure I*ʳᵉ). On ne laissera pas long-temps les cavaliers marcher ainsi le rang formé, parce que ce mouvement rentrant dans les principes de conversions, les cavaliers ne sont point encore assez instruits pour les exécuter avec le calme et l'ensemble qu'elles nécessitent. On leur fera comprendre seulement qu'ils doivent plier leurs chevaux et rallentir l'allure en proportion de l'éloignement ou du rapprochement de l'instructeur qui tient la longe, et qui sert ainsi de pivot à cette conversion. Cet instructeur aura attention de ne point laisser tomber la longe dans les pieds des chevaux, pour qu'ils ne s'empêtrent pas dedans, et de la tenir assez élevée pour qu'en passant devant leur nez, elle puisse servir aux cavaliers de régle pour leur alignement et le degré de vîtesse de leur allure.

Dans ce moment, difficile pour les hommes et pour les chevaux, on expliquera aux cavaliers la manière de dédoubler par quatre, tout en leur indiquant les moyens de calmer leurs chevaux, et de se desserrer quand ils sont trop serrés; aussitôt que l'on s'apercevra que le

désordre commence à se mettre dans le rang,
on commandera :

1 Garde à vous.

2 Par quatre.

3 Marche.

(N.º 169 *du texte de l'ordonnance, pl.* 36,
figure 2, *ou planche* 37, *figure I.*ʳᵉ).

Au commandement *par quatre*, tous les
cavaliers, excepté les quatre premiers de la
droite du rang, prépareront leurs chevaux
à rallentir l'allure.

Au commandement *marche*, les quatre
cavaliers de droite continueront de marcher
droit devant eux, et à la même allure ; tous
les autres rallentiront, et lorsqu'ils seront
déboités, ils se mettront en file, par quatre,
derrière les premiers, par un quart d'à droite
individuel, et prendront en y arrivant, le
même degré de vîtesse que ceux qui les précédent.

On marchera quelque temps, ensuite on
commandera :

1 Garde à vous.

2 Par deux.

3 Marche.

Au commandement *par deux*, tous les
cavaliers, excepté les deux de droite du

premier rang de quatre, prépareront leurs chevaux à rallentir l'allure.

Au commandement *marche*, les deux cavaliers de droite du premier rang de quatre, continueront de marcher droit devant eux, et à la même allure; tous les autres rallentiront, et lorsque les nombres *trois* et *quatre* seront déboités, ils se mettront en file par deux, derrière les nombres *un* et *deux*, et prendront en y arrivant le même degré de vitesse que ceux qui les précédent.

Les cavaliers marchant ainsi par deux, on leur laissera également faire quelques tours de cercle; ensuite, pour les remettre par un, on commandera :

1 Garde à vous.

2 Par un.

3 Marche.

(*N.º* 170 *de l'ordonnance, planche* 37, *figure* 2).

Au commandement *par un*, tous les cavaliers, excepté celui de droite du premier rang de deux, se prépareront à rallentir l'allure.

Au commandement *marche*, le cavalier de droite du premier rang de deux continuera de marcher droit devant lui, et à la même allure; tous les autres rallentiront, et lorsque les nombres *deux* et *quatre* seront déboités, ils se mettront en file par un, derrière les nombres *un* et *trois*, et prendront, en y arrivant, le même degré de vîtesse que ceux qui les précédent.

Les cavaliers se retrouvant en file sur le cercle, on s'occupera de rectifier leurs positions, que tous ces mouvemens pourraient avoir dérangées; on leur rappellera leurs distances, et on les mettra au trot; et après quelques tours de cercle, on les fera passer au pas, puis au trot; et quand ils seront raffermis, on leur fera exécuter encore les doublemens et dédoublemens, ayant attention de leur faire faire un temps de trot entre chacun. On s'attachera à ce qu'ils soient bien à leurs distances et bien allignés, en marchant, et surtout en trottant ainsi par deux et par quatre. On ne les fera trotter, le rang étant formé, que quand ils seront bien affermis dans tous ces mouvemens, et maîtres de leurs chevaux.

(*Texte de l'ordonnance*, n.° 171). *Quand les cavaliers marcheront à main droite* (*la gauche en tête*), *on exécutera les doublemens en obliquant à droite, et les dédoublemens en obliquant à gauche, d'après les mêmes principes.*

Les principes sont les mêmes, sans doute; mais comme les moyens sont différens, ils nécessitent des explications, différentes aussi, de la part des instructeurs; l'ordonnance ne les donne pas; elle semble renvoyer, pour

cela, à la *Théorie de détail de Versailles* ;
mais beaucoup d'instructeurs ne l'ont jamais
vue, et se trouvent souvent embarrassés pour
arranger eux-mêmes le détail dans un ordre
tout-à-fait inverse ; ce qui fait que souvent il
est tronqué et inexact ; il a le désavantage
encore de donner aux cavaliers qu'ils com-
mandent, une mince opinion de leur instruction personnelle, et de leur ôter, par conséquent, leur confiance ; et toutes les fois
qu'un instructeur n'inspire pas de confiance à
ses élèves, on peut augurer des progrès qu'ils
feront sous lui.

Je donne ici le détail, tel qu'il est employé
à l'Ecole royale de Cavalerie de Saumur. C'est,
à quelque chose près, le même que celui de
la Théorie de Versailles. On sait d'ailleurs que
cet établissement, inappréciable pour la cavalerie, était à Versailles, avant que d'être trans-
porté de nouveau à Saumur.

Doubler par deux, la gauche en tête.

Quand on aura rompu par la gauche, les
cavaliers ayant changé de main et passé du
pas au trot, et du trot au pas successivement,
et se retrouvant à main droite, on commandera :

1 Garde à vous.
2 Marchez deux.
3 Marche.

· Au commandement *marchez deux*, tous les cavaliers, excepté celui qui est à la tête, prépareront leurs chevaux à prendre le trot.

Au commandement *marche*, tous les cavaliers prendront le trot, toujours à l'exception de celui qui est à la tête; le dernier cavalier qui a compté *trois* se portera de suite, en obliquant à droite, à la hauteur et à la droite du nombre *quatre*, et passera ensuite au pas; tous les autres continueront de marcher droit devant eux et au trot; et les nombres *trois* et *un* n'exécuteront leur doublement que successivement, et lorsque les nombres *quatre* et *deux*, sur lesquels ils doivent doubler, seront arrivés à un pas de la croupe des chevaux qui sont devant eux, et qu'ils auront pris le pas.

Pour faire doubler par quatre, on commandera :

1 Garde à vous.
2 Marchez quatre.
3 Marche.

Au commandement *marchez quatre*, tous les cavaliers, excepté les deux qui sont à la tête, prépareront leurs chevaux à prendre le trot.

Au commandement *marche*, tous les cavaliers prendront le trot, toujours à l'exception des deux qui sont à la tête. Les deux derniers cavaliers qui ont compté *deux* et *un*, se porteront de suite, en obliquant à droite, à la hauteur et à la droite des nombres *quatre* et *trois*, et passeront ensuite au pas. Tous les autres cavaliers continueront de marcher droit devant eux, et au trot, et les nombres *deux* et *un* n'exécuteront leur doublement que lorsque les nombres *quatre* et *trois*, sur lesquels ils doivent doubler, seront arrivés à un pas de la croupe des chevaux qui sont devant eux, et qu'ils auront pris le pas.

Quand il y aura plus de huit cavaliers, on ajoutera, que les nombres *deux* et *un* n'exécuteront leur doublement que successivement.

Former le rang.

Mêmes principes que pour le former en marchant à main gauche, et même détail ; excepté qu'on substituera le mot *droite* à celui de *gauche*, en expliquant le mouvement aux cavaliers.

(*Voyez le numéro* 168, *planche* 36, *figure* 1.re).

Dédoubler par quatre, par deux, et par un, en marchant à main droite (ou la gauche en tête).

Le rang étant formé, pour dédoubler par quatre, on commandera :

1 Garde à vous.

2 Par la gauche par quatre.

3 Marche.

Au commandement *par la gauche par quatre*, tous les cavaliers, excepté les quatre premiers de la gauche du rang, prépareront leurs chevaux à ralentir l'allure.

Au commandement *marche*, les quatre premiers cavaliers de gauche continueront de marcher droit devant eux, et à la même allure; tous les autres ralentiront; et lorsque chaque rang de quatre sera déboité, ils ouvriront de suite la rêne gauche et fermeront la jambe gauche, et se porteront, en obliquant fortement à gauche, en file par quatre derrière les quatre premiers, et prendront, en y arrivant, le même degré de vîtesse que ceux qui les précédent.

Pour dédoubler par deux, on commandera :

1 Garde à vous.
2 Par la gauche par deux.
3 Marche.

Au commandement *par la gauche par deux*, tous les cavaliers, excepté les deux de gauche du premier rang de quatre, prépareront leurs chevaux à ralentir l'allure.

Au commandement *marche*, les deux cavaliers de gauche du premier rang de quatre continueront de marcher droit devant eux, et à la même allure; tous les autres ralentiront; et lorsque les nombres *deux* et *un* seront déboités, ils se mettront en file par deux, derrière les nombres *quatre* et *trois*, et prendront, en y arrivant, le même degré de vîtesse que ceux qui les précèdent.

Pour remettre les cavaliers par un, on commandera :

1 Garde à vous.
2 Par la gauche par un.
3 Marche.

Au commandement *par la gauche par un*, tous les cavaliers, excepté celui de gauche du premier rang de deux, prépareront leurs chevaux à ralentir l'allure.

Au commandement *marche*, le cavalier de gauche du premier rang de deux continuera de marcher droit devant lui, et à la même allure ; tous les autres ralentiront ; et lorsque les nombres *trois* et *un* seront déboités, ils se mettront en file par un, derrière les nombres *quatre* et *deux*, et prendront, en y arrivant, le même degré de vîtesse que celui qui les précéde.

Dans ces mouvemens de dédoublemens, les instructeurs veilleront à ce que les cavaliers ralentissent l'allure, mais ne s'arrêtent pas, comme beaucoup le font. Le ralentissement de l'allure doit aussi être réglé de manière à ce que les cavaliers dédoublent tous sur le même terrain. On exigera une grande régularité dans tous ces mouvemens; et pour l'obtenir, on les recommencera souvent, jusqu'à ce que les cavaliers y soient bien confirmés. Il ne faudra pas négliger les positions.

Lorsque les cavaliers *marcheront ainsi par deux, par quatre et par rang, à la longe*, on pourra, sans leur détailler les principes de conversions, leur faire concevoir que chacun d'eux a un cercle plus ou moins grand à décrire, selon l'éloignement où il se trouve de l'instructeur qui tient la longe; que ces *différens cercles devant commencer et finir en-même-temps*, il est nécessaire que chacun ralentisse l'allure de son cheval, proportionnément à son rapprochement de cet instructeur.

Il ne faudra, cependant, exiger de régularité, qu'en proportion de la force des cavaliers.

(Texte de l'ordonnance). *Ces leçons ne doivent être données que quand les cavaliers seront assez maîtres de leurs chevaux pour pouvoir les exécuter; jusqu'à ce moment, on se contentera de les faire trotter individuellement*, c'est-à-dire, que tant que les cavaliers n'auront pas acquis l'aplomb et l'aisance nécessaires, que leur position ne sera pas assurée de manière à n'être pas dérangée par ces mouvemens, on continuera la première partie de la leçon, qui consiste en changemens de main, et en passages fréquens du pas au trot, et du trot au pas.

(Texte de l'ordonnance). *Lorsqu'on voudra faire finir la reprise, on fera former le rang, et arrêter quand les cavaliers tourneront le dos à l'un des petits côtés du manège.*

On pourrait faire former le rang en faisant doubler successivement par deux, par quatre, et ensuite former le rang; mais pour le former de pied ferme, on doit se conformer à la manière que prescrit la Théorie de détail de Versailles, avec les modifications que le détail a subi à l'Ecole royale de Cavalerie de Saumur ; on commandera :

1 Garde à vous.
2 Formez le rang.
3 Marche.

Au commandement *formez le rang*, tous les cavaliers rassembleront leurs chevaux.

« Au commandement *marche*, le premier
» cavalier marchera encore quatre pas droit
» devant lui, et fera *halte ;* tous les autres
» cavaliers viendront successivement se pla-
» cer à sa gauche (si l'on a la droite en tête,
» ou à sa droite, si l'on marchait à main
» droite), et au pas, en tournant leurs che-
» vaux lorsqu'ils seront près d'arriver vis-à-
» vis la place qu'ils doivent occuper dans le
» rang, ayant attention de redresser leurs
» chevaux un peu avant que d'y arriver, et

& de ralentir l'allure pour ne point dépasser
» l'alignement.

» L'instructeur aura attention de comman-
» der *formez le rang*, de bonne heure, de
» manière à prononcer le commaudement
» *marche*, quatre pas avant que le premier
» cavalier n'arrive sur le point où il doit
» s'arrêter ».

Le rang étant formé, l'instructeur l'alignera, et commandera *repos*, pour faire
abbattre et chausser les étriers. Il s'assurera
si les cavaliers ont conservé leurs numéros;
et dans le cas contraire, il les fera recompter,
et mettre pied à terre.

Mettre pied à terre.

On commandera :

1 Garde à vous.

2 Préparez – vous — pour mettre
— pied à terre.

Un temps et deux mouvemens pour la
grosse cavalerie et la cavalerie légère. Un temps
et trois mouvemens pour les lanciers (*Voyez
l'ordonnance*, n.º 172, *et* n.º 47 *de l'instruction sur la lance*).

Je recommande les mêmes attentions pour
mettre pied à terre que pour monter à cheval.
On se rappellera que c'est dans ces premières

leçons qu'il faut habituer les cavaliers à être doux et patiens pour leurs chevaux.

Quand tous les mouvemens pour se préparer à mettre pied à terre seront exécutés, les nombres *deux* et *quatre* étant alignés en arrière des nombres *un* et *trois*, on commandera :

3 Pied (*à*) terre.

Un temps et trois mouvemens pour la grosse cavalerie; un temps et deux mouvemens pour la cavalerie légère et les lanciers (*Voyez l'ordonnance, n.° 173, et n.° 48 de l'instruction sur la lance*).

La première partie du commandement (*pied*), devenant commandement d'exécution, doit être prononcée dans toute l'étendue de la voix, d'un ton animé et énergique, de manière à enlever les cavaliers. On doit faire une pause assez longue pour reprendre haleine, et donner le temps aux cavaliers de s'enlever sur l'étrier gauche et de se placer correctement, le corps droit et la tête élevée ; alors, on prononcera la seconde partie (*terre*), aussi dans toute l'étendue de la voix, en l'alongeant un peu, et surtout en appuyant fortement sur l'R et l'E finales, pour que les cavaliers ne tombent pas lourdement à terre, mais y arrivent légèrement, sur la pointe du pied droit.

Quand les cavaliers, après avoir passé par

tous les mouvemens, seront en face de leurs chevaux, dans la position indiquée, on commandera :

Reprenez vos rangs.

Un temps et un mouvement pour toute arme (*Voyez l'ordonnance, n.ºs 174, et 49, de l'instruction sur la lance*).

On recommandera bien aux nombres *un* et *trois*, d'élever beaucoup la main gauche, pour que leurs chevaux ne donnent pas de coups de pieds aux nombres *deux* et *quatre*, lorsqu'ils rentrent dans leurs intervalles. On ne saurait prendre trop de précautions pour prévenir les accidens, qui ne sont que trop fréquens dans ces mouvemens. On veillera à ce que les nombres *deux* et *quatre* ne quittent les rênes de la main gauche, qui doit les tenir à six pouces de la bouche du cheval, que lorsqu'ils seront tout-à-fait rentrés dans leurs intervalles.

(N.º 175 *du texte de l'ordonnance*). On exercera de même les cavaliers à sauter à cheval en selle; il sera toujours préférable de choisir les momens de repos, qui devront être assez fréquens aussi dans cette leçon, pour leur donner cette instruction, dans laquelle on se conformera à ce que j'ai dit à ce sujet dans la première leçon.

Quand on fera mettre pied à terre, pour habituer les cavaliers à se bien tenir sur l'é-

trier gauche, le corps droit, et à prêter l'o-
reille au commandement, on les fera replacer
à cheval, par le commandement *à cheval*, qui
sera prononcé après le commandement *pied :*
on ne devra terminer aucune leçon sans donner cette instruction aux cavaliers. On les
préviendra dans les commencemens.

On fera ensuite défiler alternativement par
la droite et par la gauche, et ramener les
chevaux à l'écurie, avec les précautions indiquées dans la première leçon.

Lorsque, par le travail de la seconde leçon,
les cavaliers auront acquis l'aplomb et l'aisance nécessaires pour bien exécuter tous les
mouvemens qui y sont contenus, que leur
position commencera à devenir à-la-fois assurée et gracieuse, que toute gène et toute
roideur commencera à disparaître, on les fera
passer à la troisième leçon.

FIN DE LA SECONDE LEÇON.

TROISIÈME LEÇON.

Travail au large avec les étriers.

LES cavaliers ayant acquis, comme je l'ai dit, aplomb et aisance par le travail de la seconde leçon, et lorsqu'ils commenceront à mettre assez de justesse et d'accord dans les *aides* pour passer sans à-coup, du pas au trot et du trot au pas; que dans le trot alongé ils n'emploieront plus ni force ni roideur pour se tenir à cheval; que les mouvemens de doublemens et de dédoublemens seront bien conçus et exécutés correctement, on en réunira depuis seize jusqu'à vingt-quatre, pour les faire travailler au large avec les étriers.

L'objet de la troisième leçon est d'assurer la position des cavaliers, de les confirmer dans la connaissance *des moyens qu'ils doivent employer pour conduire leurs chevaux.* C'est à cette leçon qu'on doit s'occuper de leur donner cet air naturel et aisé, qui est le principe de la grâce, objet bien négligé par la plupart des instructeurs, comme si cela pouvait gêner les progrès de l'instruction? on croirait pécher contre l'ordonnance si on en parlait aux cavaliers; on craindrait de perdre un temps précieux. C'est ainsi que beaucoup se trompent sur la signification du mot *aisance* que l'ordon-

nance emploie si souvent; comme si aisance
et grâce ne signifiaient pas également cet air
de liberté dans tous les mouvemens, cet
accord parfait dans l'ensemble des parties du
corps, qui fait qu'elles agissent avec un concert qui a quelque chose d'harmonieux qui
flatte l'œil. Toutes les fois qu'une position est
libre et aisée, il y a de la grâce; mais toute
position forcée, roide et gênée, est désa-
gréable à la vue, et en est par conséquent dénuée totalement. C'est cette force, cette roideur et cette gêne qu'il faut combattre et
achever d'extirper dans cette leçon, autant
que la conformation des cavaliers le permettra; car tous indistinctement ne peuvent pré-
tendre au même degré d'aisance et de grâce;
elle est naturelle aux uns, tandis que d'autres
ne l'acquièrent que par le travail, qui donne
la souplesse. C'est pourquoi il ne faut pas vouloir copier les cavaliers les uns sur les autres;
car, tel montera bien à cheval, et qui ne pourrait cependant se placer comme tel autre, sans
forcer et gêner la nature; ce qui, en lui ôtant
le libre usage de ses moyens physiques, détruirait aussi l'aisance et la grâce, en le mettant dans une posture à laquelle sa conformation s'oppose. Voilà pourquoi il y a tant
d'hommes mal placés à cheval, pourquoi il y
en a tant qui manquent, soi-disant, de dispositions; parce que l'on veut qu'ils se ressemblent tous, et que sans égard aux cuisses
courtes, rondes et charnues de celui-ci, on

veut qu'il se place comme celui-là, qui les a longues et plates, et dont le reste de la conformation du corps répond à celle de ses cuisses; et ainsi de même pour les autres défectuosités: on met ces malheureux dans une position où il est impossible qu'ils se maintiennent, sans une grande contraction de leurs muscles; et comme cette contraction ne peut être permanente, ils se fatiguent, et finissent par perdre cette position factice, malgré tous leurs efforts pour la conserver. Les instructeurs s'impatientent, s'emportent, les traitent de maladroits, perdent du temps à les replacer, avec aussi peu de succès que la première fois, et finissent par les abandonner, parce que, disent-ils, *ils manquent de dispositions.* Je leur réponds avec M. de Bohau, que ce sont eux qui *manquent de principes.* Toutes les fois qu'au-lieu de contrarier la nature, on l'aidera; qu'on attendra du temps et du travail la souplesse qui manque à ces malheureuses victimes de l'ignorance, on parviendra sûrement, sinon à détruire totalement, du moins à atténuer, à modifier beaucoup ces vices de conformation. Les cuisses courtes, rondes et charnues se relâcheront, s'aplatiront insensiblement, et donneront d'autant plus d'assiette, qu'elles seront plus grosses; au-lieu de rouler sur la selle, elles prendront de la stabilité, en raison de leur pesanteur; les jambes se relâcheront en proportion des cuisses, et le cavalier, au-lieu de se roidir, prendra de l'aisance et de la confiance à cheval, qui sont ce que je nomme grâce ; car je n'entends nullement parler de celle qui vient des formes élégantes de certains individus favorisés de la nature, et qui leur est particulière ; je veux seulement parler de cette grâce mâle et militaire que donnent les exercices de corps, et notamment l'équitation. Mais, je le répète, on n'y parviendra que par la souplesse et la liberté de toutes les parties du corps ; et c'est à la troisième leçon qu'on doit s'en occuper davantage, parce que les cavaliers, travaillant sur des lignes droites, ont plus de facilité à se placer, et qu'ils ont acquis par le travail de la seconde leçon assez de solidité pour ne plus craindre que leurs chevaux ne les jettent par terre, en se relâchant, en donnant du jeu à leurs articulations et de la latitude à leurs mouvemens.

Il sera très-profitable à la position des cavaliers de les faire travailler sans étriers encore pendant quelque temps ; car, comme c'est dans cette leçon qu'ils doivent apprendre à conduire leurs chevaux dans tous les sens, et que leur position doit prendre le degré de solidité et d'aisance convenable, ils seront plus maîtres de leurs chevaux, et auront plus de degrés d'aides, sans étriers. Le travail commençant alors à devenir agréable, ils se placeront mieux, les cuisses et les jambes s'allongeront, les fesses s'aplatiront ; les reins prendront de la souplesse, la tête s'élèvera, et les épaules s'effaceront; ce qui reste de roideur et de gêne disparaîtra; au-lieu qu'en leur donnant de suite les étriers, souvent des cavaliers dont la position est encore mal assurée, prennent un point d'appui dessus, et au-lieu de finir leur position, ils détruisent, au contraire, tout le fruit du travail précédent. Je conseille donc de faire travailler les cavaliers sans étriers, à la troisième leçon, jusqu'à ce que l'on soit assuré qu'ils sont solides et aisés à cheval. Ceci dépend, d'ailleurs, du temps qu'ils seront restés aux leçons précédentes, et des progrès qu'ils y auront faits, et aussi du temps que les circonstances permettent d'employer à leur instruction.

S'il ne se trouvait pas assez de cavaliers en état de passer à la troisième leçon pour former un peloton de seize ou vingt-quatre hommes, on pourrait en réduire le nombre jusqu'à douze, ou moins encore, s'il ne s'en trouvait pas suffisamment d'assez instruits pour compléter ce nombre.

(N.º 176 *du texte de l'ordonnance*). Les cavaliers placés devant leurs chevaux comme il a été indiqué dans la seconde leçon, *seront formés sur deux rangs ouverts, à la distance de six pas;* les rangs devront, autant que possible, être égaux.

Lorsqu'on voudra leur donner les étriers, on commencera par les leur faire ajuster.

Longueur des étriers.

(N.° 177 *du texte de l'ordonnance*). On
ajuste ses étriers de plusieurs manières ; je
crois utile d'observer ici que celle de les mesurer *à la longueur du bras* ne peut présenter de régles sûres, par plusieurs motifs : d'a-
bord, beaucoup d'hommes ont les bras plus
longs (proportionnellement), que les jambes ;
dans d'autres c'est le contraire. Ensuite l'é-
paisseur du cheval, la conformation de la selle,
et plus que tout cela encore, le peu de certitude que l'on a de les mettre tous deux au
même point, doivent faire regarder cette méthode comme peu sûre. Il est cependant certain que bien des personnes s'en trouvent bien ;
mais ce ne peut être que lorsqu'elles ont
acquis une grande habitude de monter à
cheval.

On fera donc monter chaque cavalier séparément à cheval ; et lorsqu'en s'élevant sur
ses étriers, il se trouvera six pouces de distance de l'enfourchure à la selle, on les laissera à ce point, ayant attention qu'ils soient
bien égaux.

(N.° 179 *du texte de l'ordonnance*). Il est
nécessaire, dans les commencemens, de faire
tenir aux cavaliers les étriers un peu plus longs
que ne le prescrit l'ordonnance ; car, comme
*ils ne doivent en prendre l'habitude que pro-
gressivement,* et sans que cela dérange leur
assiette, ni la position des cuisses et des

jambes, il arriverait, que laissant les étriers
au point ordonné, ils prendraient un point
d'appui dessus, ce qui nécessairement ferait
remonter les cuisses et ouvrir les genoux, re-
jéterait les fesses en arrière, et détruirait ainsi
l'assiette, sans parler de l'inconvénient des
talons dans le ventre du cheval.

Un autre inconvénient non moins grave,
résulterait du trop de longueur des étriers : le
cavalier serait obligé de porter les jambes en
avant, de baisser la pointe du pied pour ra-
traper son étrier, que chaque contre temps
un peu dur lui ferait échapper, surtout au
trot; le corps se porterait en avant, et le cavalier se trouverait sur l'enfourchure, au-lieu
de se trouver d'aplomb sur sa base (c'est-à-
dire sur les fesses). Il résulterait de cet état de
gêne, une très-grande fatigue pour l'homme
et pour le cheval, et on doit sentir combien il
est nécessaire de pouvoir rester long-temps à
cheval sans se fatiguer, et en fatiguant le moins
possible sa monture.

Position du pied dans l'étrier.

(N.º 178 du texte de l'ordonnance.) L'é-
trier sera donc ajusté de manière à ne porter
exactement que le poids de la jambe: le cavalier étant placé à cheval d'après les principes détaillés dans les leçons précédentes, et
qu'il aura dù concevoir, élevera la pointe du
pied, sans déranger la position de la jambe,

la placera dans l'étrier, de manière que le pied
s'y trouve chaussé jusqu'au tiers : par ce
moyen, le talon se trouvera naturellement plus
bas que la pointe du pied. Disons de suite ici,
que pour conserver ses étriers, le cavalier
doit mettre beaucoup de souplesse et de liant
dans l'articulation du coude-pied.

Monter à cheval.

(*N.º* 180 *du texte de l'ordonnance, pl.* 38,
figure 1.*re*). Les étriers étant ainsi ajustés,
et les cavaliers étant placés devant leurs chevaux, on fera aligner les deux rangs, et on
commandera :

 1 Garde à vous.

 2 Par la droite de chaque rang,
  comptez vous quatre.

Les cavaliers se compteront avec les attentions indiquées à la seconde leçon ; et l'instructeur commandera :

 1 Garde à vous.

 2 Préparez-vous — pour monter
  (*à*) cheval.

(*Voyez l'ordonnance,* 2.*e* *leçon, n.*ºˢ 151
et 152).

Lorsque les nombres *deux* et *quatre* de
chaque rang auront reculé de quatre pas,

le peloton se trouvera formé sur quatre rangs, qui devront être alignés, et les nombres ci-dessus exactement vis-à-vis leurs intervalles. Je rappelle encore qu'il est bien essentiel ici d'habituer les chevaux à être tranquilles au montoir; car pour négliger ce principe, il en résulte souvent des accidens, tant pour les hommes que pour les chevaux, et toujours le désordre. On évitera l'un et l'autre, en ac-coutumant de bonne heure les cavaliers à ne point brutaliser leurs chevaux, à les caresser, au contraire, et à se bien garder, surtout, de leur faire sentir l'éperon. Toutes les fois qu'on fait monter une troupe à cheval, on devrait rappeler ces attentions aux cavaliers.

Au commandement *à cheval*, les cavaliers se conformeront à ce que j'ai dit dans la se-conde leçon, toujours avec la plus scrupu-leuse exactitude.

Au commandement *reprenez vos rangs*, les nombres *deux* et *quatre* doivent rentrer tranquillement et sans à-coup dans leurs inter-valles; ceux du second rang doivent entraîner avec eux les nombres *un* et *trois*, qui auront dû rassembler leurs chevaux pour se mettre en mouvement, aussitôt que les nombres *deux* et *quatre* arrivent à leur hauteur, et serrer en-semble, sur le premier rang, à deux pieds de distance de *tête à croupe*.

Les rangs étant serrés et alignés, on fera chausser les étriers, ayant attention que les étrivières soient bien tournées sur leur plat.

Pour conduire les cavaliers au manége, ou tel autre terrain désigné pour le travail, on fera rompre par deux ou par quatre ; on commandera :

1 Garde à vous.

2 Par deux (*ou* par quatre).

3 Marche.

(*Voyez l'ordonnance, n.º* 181, *pl.* 39.) Il est inutile de donner ici aucun détail pour ce mouvement, puisque celui de l'ordonnance ne laisse rien à désirer, sous le rapport de la clarté et de la précision ; mais il sera bon de faire observer aux cavaliers de ne point rassembler leurs chevaux avec trop de force, au commandement préparatoire *par deux* (ou *par quatre*), parce que c'est de là que naît le désordre qui arrive presque toujours dans ces sortes de mouvemens. Les chevaux se sentant pressés trop vivement par les jambes des cavaliers, et retenus par une action trop marquée des mains, piaffent, se traversent ou reculent. Il est vrai qu'il y a des chevaux ardens, tellement impatiens de marcher, qu'on a peine à les contenir en attendant son tour de rompre ; alors, il ne faut pas vouloir, comme beaucoup de cavaliers font, les calmer à coups d'éperon et avec des saccades ; il faut les contenir en formant continuellement des demi-temps d'arrêt, et en se relâchant du bas du corps ; avoir les jambes près, seulement pour

les empêcher de jeter leurs hanches de côté.
Il est bien essentiel, ensuite, qu'après avoir
rompu, et marché six pas droit devant elle,
chaque fraction de deux, ou de quatre, exécute bien correctement et individuellement, un
quart d'à droite, et se porte, sans dévier de
la direction de ce mouvement, jusqu'à l'endroit
où cette diagonale finissant, elle rencontre la
ligne droite que parcourt la tête de la colonne, c'est-à-dire, la première fraction de
deux (ou de quatre), qui n'a à faire que de se
porter droit devant elle. En arrivant dans la
direction de la tête de la colonne, les fractions
de deux (ou de quatre), se remettront en file,
par quatre (ou par deux). par un quart d'à-
gauche, et en avançant. Par ces moyens, on
évitera que la queue de la colonne soit obligée
de doubler l'allure.

Quand on voudra rompre par la gauche,
pour marcher la gauche en tête, on commandera :

1 Garde à vous.

2 Par la gauche par deux (ou par
    quatre).

3 Marche.

(*N.º* 182 *du texte de l'ordonnance.*) Ce
qui s'exécutera d'après les mêmes principes,
et avec les mêmes attentions que pour rompre
par la droite; chaque fraction se mettra en

file par un quart d'à-gauche individuel, après avoir marché six pas en avant, et redressera ensuite ses chevaux par un quart d'à-droite, en avançant, en y arrivant.

(*N.º* 183 *du texte.*) Quand on voudra marcher par un, ce mouvement s'exécutera par file, et d'après les mêmes principes.

En rompant ainsi par quatre, par deux, ou par un, l'attention des instructeurs doit porter plus particulièrement sur les cavaliers du second rang. Ils auront dû leur faire concevoir qu'ils doivent rassembler leurs chevaux et se mettre en mouvement en-même-temps que leurs chefs de file, de manière à être constamment à deux pieds de distance de la croupe de leurs chevaux, et exactement derrière eux ; qu'ils doivent se conformer à tous leurs mouvemens, augmenter l'allure quand ils l'augmentent ; ralentir quand ils ralentissent ; et quand ils obliquent à droite ou à gauche, pour se mettre en file, qu'ils doivent exécuter leur quart d'à-droite, ou quart d'à-gauche, en-même-temps qu'eux, sans cependant perdre leurs distances ; de manière qu'en redressant leurs chevaux, ils se trouvent comme ils étaient avant que d'obliquer.

Lorsque ces mouvemens n'auront pas eu une exécution satisfaisante, on fera former le peloton, et on recommencera, ayant attention d'utiliser les fautes que les cavaliers auraient commises, en les leur rendant palpables, et en leur en faisant connaître les inconvéniens, afin qu'ils les évitent toujours à l'avenir : on pourra faire usage de cette méthode, et on le fera avec succès, dans toutes les circonstances possibles.

(*N.º* 184 *du texte de l'ordonnance.*) Avant que de faire rompre pour se rendre au manége ou tel autre terrain, on aura dû désigner deux sous-officiers, ou brigadiers, pour marcher à la tête des reprises ; ils seront, en outre, chargés de conduire le peloton au lieu du travail. Pendant le trajet, ils veilleront à ce que les cavaliers soient correctement placés à cheval, qu'ils conservent leurs distances et leur alignement, dans chaque rang de deux ou de quatre ; ils empêcheront qu'ils ne marchent à une autre allure que le pas, et qu'ils ne tracassent leurs chevaux.

Autant que possible, l'instructeur devra lui-même accompagner son peloton ; à moins qu'il n'ait plusieurs classes à instruire, et qu'il ne soit déjà au manége.

Former le peloton.

En arrivant au manége, la tête de la colonne se dirigera parallèlement à l'un des grands côtés : si l'on a rompu par la droite, elle se dirigera le long du grand côté qui est à sa droite ; et si l'on a rompu par la gauche, elle suivra le côté qui est à sa gauche, afin d'avoir le terrain nécessaire pour faire former le

peloton. Six pas avant que d'arriver au milieu, l'instructeur commandera :

1 Garde à vous.

2 Formez le peloton.

3 Marche.

(*Voyez l'ordonnance, n.º* 185, *pl.* 40,
fig. 1.re). Les intructeurs veilleront avec soin
à ce que cette formation soit correcte : tous
les rangs de quatre, ou de deux, excepté ceux
qui sout a la tête, doivent obliquer en-même-
temps au commandement *marche*, et former
ainsi chacun une petite troupe partielle, pour
se porter, dans la direction du quart d'à-
gauche (ou d'à-droite), vis-à vis la place qu'ils
doivent occuper dans le rang ; où étant arrivés
ils redresseront leurs chevaux, afin d'arriver
droits, d'épaules et de hanches, et au pas, sur
l'alignement des deux ou quatre premières
files.

Ici les instructeurs auront encore l'œil sur
les cavaliers du second rang, qui sont très-
susceptibles de se tromper dans cette formation, en quittant leurs chefs de file, et se
portant au premier rang. Pour la moindre de
ces fautes, on fera rompre de nouveau, et on
fera ainsi par deux ou par quatre, un tour de
manége, pendant lequel on expliquera de nouveau, et le plus clairement possible, le mouvement. Il faudra, surtout, rendre la faute sen-

sible à tous, afin qu'elle leur serve de leçon. On fera reformer le peloton sur le même terrain, et on s'assurera si les mêmes cavaliers ne retombent pas dans les mêmes fautes; auquel cas, il faudra mettre toute son attention à leur bien expliquer la chose, pour qu'à l'avenir ils n'y retombent plus.

(Texte de l'ordonnance, n.º 186.) *Le peu de longueur qu'ont ordinairement les manéges ne permettant pas de faire doubler l'allure pour former le peloton, on est contraint d'arrêter les premières files; mais toutes les fois qu'on en aura la possibilité, on fera former le peloton sans arrêter; alors la queue de la colonne doublera son allure.*

Quand même *le peu de longueur des manéges* ne nécessiterait pas la formation du peloton de pied ferme, on doit toujours le faire faire ainsi dans les commencemens, pour faire concevoir aux cavaliers la manière dont on exécute ces mouvemens sur deux rangs. Je viens de dire qu'ils étaient très-susceptibles de se tromper, et je suis sûr que tous ceux à qui l'instruction dont ils sont chargés a donné de l'expérience, seront de mon avis: il est bien plus facile de faire concevoir ces mouvemens au pas qu'au trot; mais une fois qu'ils seront bien conçus, on saisira toutes les occasions possibles pour le faire former sans arrêter. Le trot, dans ce cas, doit être très-modéré, et les cavaliers doivent bien éviter d'agir avec à-coup, surtout ceux du second rang, pour ne pas s'écarter de leurs chefs de file, et ne pas donner d'atteintes à leurs chevaux.

C'est un vice généralement reconnu, que le peu de grandeur des manéges que l'on trouve dans les garnisons de cavalerie; c'est pourquoi je conseille de faire travailler dans la carrière, sur des carrés assez spacieux pour ne pas ruiner les chevaux; mais cependant pas trop grands, afin que la voix de l'instructeur puisse se faire entendre avec fruit. Il n'y a que dans les mauvais temps, qu'à défaut d'autre terrain, que l'on doit exercer les cavaliers dans les manéges couverts; et il est prudent, dans ce cas, d'en diminuer le nombre, afin qu'ils ne soient pas gênés dans les mouvemens de la leçon. Écoutons ce que dit à ce sujet, M. de Bohan, dans son *Examen critique du militaire français* :

« On a élevé dans toute la France des ma-
» néges destinés à l'instruction de la cavale-
» rie, et c'est surtout depuis la paix de 1762,
» que ces édifices se sont multipliés à l'infini;
» mais, la forme qu'on leur a donnée, servira
» tant qu'ils existeront, à prouver la fausseté
» de nos idées et de nos principes sur les
» moyens de former la cavalerie. Les planches
» des *Newcastle* et de *La Guérinière* ont
» servi de plans à nos architectes; au lieu de
» donner à ces manéges la plus grande lon-
» gueur possible, on ne leur a donné, dans
» cette dimension, que trois fois leur largeur;
» c'était la proportion de ceux de Versailles;

» et personne ne s'éleva contre cette imita-
» tion, absurde pour la cavalerie; car ce
» n'est que dans des espaces longs qu'elle
» peut décider et unir ses allures; qualités
» qui deviennent le principe de l'ordre, de
» l'ensemble et de la force de nos escadrons.

» D'autres raisons militent encore en faveur
» des espaces vastes pour faire travailler la ca-
» valerie, puisqu'il faut que ces manéges soient
» propres à contenir un grand nombre de
» chevaux à-la-fois; et pour que ces chevaux
» ne s'y ruinent pas promptement, il faut que
» les coins soient assez éloignés pour que
» les mouvemens directs ne soient pas réduits
» en mouvemens circulaires.

» La faute que l'on fit alors existe encore
» aujourd'hui; mais elle est d'une consé-
» quence à mériter l'attention du ministère.
» Si l'on approuve mes principes, et qu'il y
» ait encore des manéges à élever, je con-
» seille de leur donner 80 pieds de largeur sur
» trois cents pieds de longueur : il y a deux
» manéges à Lunéville, dans lesquels soixante-
» douze cavaliers marchent ensemble avec
» aisance; ce sont les seuls, que je connaisse,
» où la cavalerie puisse travailler avanta-
» geusement et sans se ruiner. Tous ceux de
» nos garnisons ne sont propres qu'à exercer
» une douzaine de cavaliers à-la-fois, et en file.

» On dira peut-être que les manéges sont
» inutiles, et que la cavalerie doit s'instruire
» en plaine : je répondrai à cela, que tant que

» la saison permet à la cavalerie de sortir, il faut
» la mener dehors; mais qu'en France, pen-
» dant cinq mois de l'année, les pluies, les
» neiges, les glaces, les frimats l'empêchent
» de sortir, et que lorsqu'elle n'a pas de ma-
» nége, elle reste dans une inaction nuisible
» à l'homme, et pernicieuse au cheval.

» Quant aux manéges découverts fermés par
» de simples barrières, ils doivent avoir à-
» peu-près les mêmes proportions. Je préfère
» ces derniers pour instruire les hommes, et
» les premiers pour instruire les chevaux ».

Il serait difficile de ne pas se rendre à l'é-
vidence de ces vérités : ce qui existait encore
alors que M. de Bohan écrivait, subsiste toujours; excepté les deux manéges qu'il cite,
tous ceux qui existent dans la plupart de nos
garnisons de cavalerie, sont des bicoques mal
entretenues, où il est impossible de travailler avec fruit. J'en excepte un des manéges de
l'école royale de cavalerie de Saumur, qui, sans
avoir les dimensions de ceux de Lunéville, est,
à quelque chose près, dans la forme que veut
l'auteur que je viens de citer. Je reviens à mes
cavaliers.

(N.º 187 *du texte de l'ordonnance*).
Le peloton étant formé au milieu du manége,
l'instructeur commandera :

    1 Garde à vous.

    2 Premier rang-demi tour à droite.

    3 Marche.

(*Planche* 4o, *fig.* 2). Au commandement *premier rang demi-tour à droite*, tous
les cavaliers rassembleront leurs chevaux ;
ceux du premier rang, pour se préparer à
marcher, et ceux du second rang pour empêcher leurs chevaux de suivre ceux du premier.

Au commandement *marche*, tous les cavaliers du premier rang se mettront en mouvement au pas, en tournant la tête du côté de
l'aile marchante, pour se régler sur elle. Le
second rang restera immobile ; et lorsque le
premier sera près de finir son demi-tour,
l'instructeur commandera :

4 Halte.

Il alignera correctement les deux rangs, et
fera placer les conducteurs de reprise au centre
des rangs à la tête desquels ils doivent marcher.

(N.º 188 *du texte de l'ordonnance*).
L'ordonnance prescrit ici *de ne faire travailler les deux rangs à-la-fois, qu'après avoir
exercé chaque rang séparément au détail de
cette leçon :* je ne vois guère dans quels mouvemens les deux rangs peuvent se gêner, et
pourquoi on ne les surveillerait pas aussi bien
en travaillant ensemble que séparément, à
moins que dans les *à-droite* et les *à-gauche
par cavalier,* et les *demi-tours ;* mais les cavaliers n'en sont point encore là ; il faut, avant

que de leur faire exécuter ces mouvemens ,
que leur position soit assurée , de manière à
ne plus s'étonner des difficultés qu'ils présentent ; il faut enfin, qu'ils soient confirmés
dans la manière de conduire leurs chevaux ;
et je veux qu'ils les conduisent alors avec
aisance et sûreté.—Je suis loin, cependant,
de blâmer cette précaution ; elle ne peut avoir
de mauvais résultats, que la perte d'un
temps toujours précieux , que l'on peut
utiliser mieux en faisant marcher les deux
rangs au pas et au trot, sans leur faire faire
autre chose que des changemens de main dans
la longueur et dans la largeur , et en s'appliquant à corriger sans cesse ce que la position
des cavaliers offre de défectueux.

Marcher à main droite.

Les rangs étant disposés comme il est dit
plus haut , pour faire marcher les cavaliers
à main droite , on commandera :

1 Garde à vous.

2 Par la gauche, par un.

3 Marche.

(*Voyez l'ordonnance*, n.º 190, *pl.* 41).
Au commandement *par la gauche par un*,
les conducteurs de reprises se placeront en
avant du cavalier de gauche du rang qu'ils
seront chargés de conduire.

Au commandement *marche*, le mouvement s'exécutera comme il est prescrit par l'ordonnance. Je recommande aux instructeurs les mêmes attentions et la même surveillance en rompant par un, qu'en rompant par deux et par quatre ; il est essentiel d'habituer les cavaliers à ne rien faire que correctement et par principe, et surtout, à mettre beaucoup de calme dans l'exécution. Ils devront se rappeler cette recommandation dans tout le cours de la leçon ; parce que la manière dont elle sera donnée, influera grandement sur la manière dont les cavaliers travailleront à l'escadron.

(N.º 191 *du texte*). Pour marcher à main gauche, la droite en tête, on rompra par la droite ; l'instructeur commandera :

1 Garde à vous.

2 Par un.

3 Marche.

(*Voyez l'ordonnance, même numéro, planche* 42). Au commandement préparatoire, *par un*, les conducteurs de reprises se placeront de même en avant du premier cavalier de l'aile par laquelle on rompt.

Au commandement *marche*, ils se porteront *droit devant eux jusqu'aux petits côtés du manége*, où ils *tourneront à gauche, et suivront la piste*. Les instructeurs veilleront également à ce que tous les cavaliers rompent successivement d'après les principes indiqués.

On fera rompre un jour par la gauche, pour marcher à main droite, et l'autre jour par la droite, pour marcher à main gauche, alternativement.

Les deux sous-officiers, ou brigadiers, devront être assez forts en équitation pour bien conduire les reprises, se régler l'un sur l'autre, de manière à passer en-même-temps les coins opposés, et prendre une allure réglée et soutenue. Dans cette leçon, toutes les allures devront être franches, unies et décidées, mais sans être abandonnées. Quand les cavaliers seront parvenus à une certaine tenue à cheval, on les placera eux-mêmes conducteurs de reprises. C'est alors que les instructeurs, ayant remarqué les cavaliers qui annoncent le plus de dispositions, ceux qui sont intelligens et attentifs, peuvent les soigner davantage, en les mettant plus souvent à la tête des reprises, où ils apprendront toujours mieux à être maîtres de leurs chevaux.

(N.º 192 *du texte*). Les cavaliers ayant rompu par la gauche, marchant par conséquent à main droite, et se trouvant en files sur les grands côtés, pour rectifier leurs positions, ce que l'on n'a pu faire que très-imparfaitement le peloton étant formé, on commandera :

1 Garde à vous.

2 Colonne.

3 Halte.

C'est alors qu'en les passant en revue successivement, on rectifiera, et on leur expliquera de nouveau tout ce qu'ils ont à faire
pour achever de vaincre les défauts de position qui leur restent encore.

Pour les bien mettre *au fond de leur selle*,
on leur fera placer une main sur le troussequin (ou la palette), et l'autre sur le pommeau : ils s'enlèveront ainsi sur leurs poignets.
Pendant qu'ils seront de cette sorte soutenus
au-dessus de la selle, on leur dira d'élever
les cuisses en chassant la ceinture en avant
et de se replacer doucement en selle, les
cuisses toujours élevées, et les fesses bien
chassées sous le centre de gravité ; quand ils
seront assis, ils laisseront alors tomber les
cuisses moëlleusement, en les allongeant le
plus possible, et les tournant sur leur plat. Il
faudra leur recommander d'user beaucoup de
cette méthode d'eux-mêmes, surtout ceux
dont les fesses sont charnues, les cuisses
courtes, rondes et peu libres dans leur articulation avec la hanche. C'est à force de les
allonger, de les mouvoir, de les étendre
ainsi, qu'ils finiront par aplatir et assouplir
ces parties.

Quand ils auront les étriers, c'est dans ce
moment qu'on leur en expliquera l'usage plus
particulièrement, la manière dont le pied doit
y être chaussé, et celle de les conserver ; les
écueils qu'ils ont à éviter pour que leur position n'en éprouve aucun dérangement ; enfin,

les instructeurs doivent s'attacher à leur faire connaître tout ce qui peut contribuer à les affermir de plus en plus dans la bonne position.

S'il y avait quelques cavaliers dont les étriers fussent mal ajustés, il faudrait aussi profiter de ce moment pour les leur faire mettre au point convenable.

Les cavaliers étant placés, et leurs positions rectifiées avec soin, on fera redresser les chevaux qui se seraient traversés, et reprendre les distances ; ensuite on commandera :

1 Garde à vous.

2 Colonne en avant.

3 Marche.

Je rappelle ici qu'il est essentiel que les chevaux soient bien rassemblés au commandement préparatoire (*colonne en avant*), de manière qu'au commandement *marche*, le mouvement de tous les cavaliers soit simultané, et que les distances soient ainsi conservées. C'est dans cette leçon qu'on doit confirmer les cavaliers dans l'habitude de conserver strictement deux pieds de distance de la tête de leurs chevaux à la croupe de celui qui les précéde immédiatement. Les instructeurs y veilleront constamment, et leur rappelleront ce qu'ils ont à faire lorsqu'ils sont trop éloignés, ou trop rapprochés de ce même cavalier.

Je rappelle aussi l'attention que doivent

avoir les conducteurs de reprises, relativement à la régularité de leur allure et au passage des angles du manége. Ils devront savoir que c'est sur eux que repose la bonne
exécution de tous les changemens de main
contenus dans cette leçon.

Les cavaliers marchant ainsi au pas, il
faudra veiller avec le plus grand soin à ce
qu'ils passent correctement les coins, *sans
exiger que leurs chevaux y entrent parfaitement.* Ils devront faire précéder ce passage
d'un léger demi temps d'arrêt, les jambes
près; conduire eux-mêmes leurs chevaux sans
se suivre servilement les uns les autres; surtout, de toujours bien diriger leurs chevaux
sur une ligne perpendiculaire à celle qu'ils
viennent de quitter; de manière qu'aux petits
côtés du carré il en résulte deux angles
droits, dont les pointes seraient un peu arrondies, et non un demi-cercle, ce qui arrive
souvent, et par la faute des instructeurs, qui
ne veillent pas à ce que les cavaliers employent les moyens indiqués et les laissent
se suivre sans rien demander à leurs chevaux,
qui étant abandonnés, quittent la piste trois
ou quatre grands pas avant que d'arriver au
coin, et vont regagner l'autre grand côté à-
peu-près à la même distance; de sorte que
les petits côtés sont réellement des demi-cer-
cles, dont les extrèmités aboutissent aux
grands côtés. Il est très-important de veiller à
cela ; car c'est dans les coins que les cava-

liers doivent apprendre à travailler leurs chevaux, et qu'ils doivent acquérir l'*accord des mains et des jambes*. Dans le passage du coin, chaque cavalier doit agir comme s'il était seul, et tourner son cheval comme on exécute un à-droite, ou un à-gauche.

Il faudra bien leur faire comprendre ce que l'on entend par *cheval droit*, et leur expliquer ce qu'ils ont à faire lorsque leurs chevaux se traversent, se jettent en-dedans ou en-dehors du manège, pour les contenir et les remettre *droits* d'épaules et de hanches, et les ramener sur la piste, lorsqu'ils s'en sont écartés.

(*Texte de l'ordonnance*, n.° 193). *On aura soin de répéter aux cavaliers, lorsqu'ils passeront les coins, d'avancer l'épaule et la hanche du dehors, et de ne point se pencher en-dedans.*

Il faudra se rappeler ici tout ce que j'ai dit sur le mouvement circulaire, et bien prémunir les cavaliers contre la propension qu'ils ont à se pencher en-dedans; surtout quand ils ont les étriers, qui semblent les inviter à prendre un point d'appui sur celui du dedans, au moment où ils se penchent.

L'égale répartition du poids du corps sur chaque fesse, et cette espèce de balance que forment les étriers, les avertiront qu'ils ne penchent ni à droite ni à gauche; comme l'inégalité de ce même poids les avertira que leur corps penche du côté de la fesse qui est la plus chargée.

Il ne faudra pas se presser de faire exécuter aux cavaliers les mouvemens prescrits dans la leçon, et ne pas imiter ces instructeurs soi-disant, qui croiraient manquer aux principes s'ils ne donnaient de suite la leçon d'un bout à l'autre. Il faut attendre, pour cela, qu'ils commencent à prendre l'habitude des étriers ; qu'ils se servent bien de leurs mains, et surtout de leurs jambes ; seulement, on leur fera exécuter quelques changemens de main dans la longueur et dans la largeur du manège. On fera passer successivement, et fréquemment, du pas au trot, et du trot au pas, avec la plus scrupuleuse attention de leur faire observer la progression établie. Toutes les fois qu'un instructeur fait changer d'allure, il ne doit pas omettre de se conformer à ce que prescrit l'ordonnance à cet égard. Par tout on retrouve ce principe, sans lequel il ne peut y avoir ni ensemble, ni union de vîtesse dans les allures, et par tant, pas de force d'impulsion dans une masse d'hommes à cheval. En se pénétrant bien de cette vérité, on sentira combien il est important d'en pénétrer de même les cavaliers.

Pour faire exécuter un changement de main dans la longueur, on commandera :

1 Garde à vous.

2 Tournez (*à*) droite.

3 En — avant.

(*Voyez l'ordonnance,* n.° 194, *pl.* 43).

Et près d'arriver à la piste opposée :

4 Tournez (*à*) gauche.
5. En — avant.

L'instructeur aura dû faire attention, d'a-bord, si les conducteurs de reprises étaient bien à la même distance des coins, avant que de faire ses premiers commandemens; et il devra les prononcer de manière, qu'après le premier mouvement exécuté, les deux files se trouvent bien partager le milieu du manège. dans le second mouvement, qui remet les ca-valiers sur la piste, il doit prononcer la pre-mière partie du commandement (*tournez*), de bonne heure, de manière à prononcer la seconde (*gauche*), deux ou trois pas avant que les conducteurs de reprises n'arrivent sur la piste, de manière que le mouvement finisse sur elle.

(*N.º* 195 *du texte*). Pendant toute la durée de ce changement de main, les distances et les directions devront être exactement observées, et l'allure bien réglée, de ma-nière qu'elle n'éprouve aucun retard, ce qui dépend de l'attention des conducteurs de re-prises.

On marchera quelque temps à cette main, en faisant exécuter les mêmes changemens d'allure, et avec les mêmes attentions; après quoi on fera un autre changement de

direction à main gauche, par les commandemens :

    1 Garde à vous.

    2 Tournez (*à*) gauche.

    3 En — avant.

Et pour remettre les cavaliers à main droite
sur la piste :

    4 Tournez (*à*) droite.

    5 En — avant.

Ce qui s'exécutera d'après les mêmes principes, et avec les mêmes attentions.

(*N.*º 198 *du texte de l'ordonnance*). Les
changemens de direction dans la largeur,
s'exécuteront aussi d'après les mêmes principes, et avec les mêmes attentions, et aussi
par les mêmes commandemens ; mais, comme
les files ne peuvent passer l'une à côté de
l'autre, sans s'embarrasser sur la piste opposée, en y arrivant, on les fera exécuter sur
la queue des reprises ; c'est-à dire, qu'on fera
les premiers commandemens *tournez à droite*
(ou *à gauche*), lorsque les conducteurs de
reprises se trouveront réciproquement presqu'à la hauteur des cavaliers de la queue de
la file opposée.

Quand les carrés auront assez de largeur,
on pourra les faire exécuter comme dans la
longueur.

Si j'ai placé le changement de direction dans la largeur, immédiatement après celui dans la longueur, c'est que je crois qu'on doit se borner à ces mouvemens, jusqu'à ce que les cavaliers ayent gagné encore davantage dans leur position et dans la manière de conduire leurs chevaux. On regagnera bien le temps qu'on employera à cette première partie de la leçon, par le bien qui en résultera. Les cavaliers d'ailleurs étant bien placés, et parfaitement maîtres de leurs chevaux, n'auront plus besoin que de concevoir pour bien exécuter; et leur instruction, au-lieu d'en être retardée, en sera au contraire accélérée. Les partisans de la routine pourront s'élever contre cette méthode, parce qu'ils sont convenus de trouver mauvais tout ce qui ne ressemble pas à leurs idées; mais je suis sûr que les miennes sont en harmonie avec celles de tous ceux qui pensent sainement sur les moyens de former la cavalerie.

À mesure que les cavaliers se fortifieront, on exigera d'eux plus de régularité dans leur position et leurs mouvemens. On ne s'astreindra point à faire exécuter un nombre déterminé de changemens de main, comme ceux qui s'imposent de telles tâches, et qui croiraient n'avoir rien fait s'ils en manquaient un seul; ceci doit être relatif à la force des cavaliers, et à l'habitude qu'ils prennent de la bonne exécution. Tant qu'un mouvement n'a pas eu l'exécution que l'on peut exiger des cavaliers, il faut le recommencer jusqu'à ce qu'il soit bien, en utilisant les fautes, et les faisant servir de leçon, comme je l'ai déjà recommandé ; et une fois parvenu à un résultat satisfaisant, éviter de fatiguer l'attention des hommes par une série monotone de répétitions. Il faut savoir entremêler les mouvemens, sans s'écarter de la progression établie, et rendre, autant que possible, le travail agréable aux cavaliers.

Si je conseille de reprendre les fautes, de n'en passer même aucune, je conseille aussi d'encourager les cavaliers par des éloges, toutes les fois qu'ils l'auront mérité par l'exécution correcte d'un mouvement. J'ai déjà dit que l'amour-propre était un stimulant assez fort pour porter au bien, et qu'on pourrait s'en servir utilement avec des Français ; je le répète encore : un rustre en est tout aussi susceptible qu'un autre. D'ailleurs, ce rustre ne l'est plus, ou peu maintenant ; c'est un jeune militaire dont la discipline et l'exercisse des armes font ressortir chaque jour les avantages physiques, et développent avec énergie les facultés morales. Sa tête n'est plus enfoncée avec son cou dans ses épaules ; elle est *haute* et *libre*, elle tourne sur son axe avec grâce et fierté, et son regard d'aigle ne craint plus de rencontrer celui d'un autre homme.

Entre les fréquentes reprises au trot, que l'on fera faire dans le cours de cette première partie de la troisième leçon, on commandera, étant au pas, *repos :* les cavaliers ne seront plus astreints à l'immobilité ; mais ils conserveront une position correcte, et conduiront leurs chevaux tantôt avec une main, tantôt avec l'autre, en croisant alternativement les rênes dans chacune. Dans ces momens de repos, on leur dira de se placer *au fond de leurs selles*, de la manière que je l'ai expliqué au n.º 192 ; de donner du jeu à leurs articulations, en élevant les cuisses et les baissant alternativement ; en tirant les épaules en arrière pour les effacer, etc.

Changement de direction oblique.

Lorsque la position des cavaliers sera à un point satisfaisant, et que, maîtres de leurs mouvemens, ils exécuteront correctement et avec ensemble les changemens d'allures ; et que dans les changemens de main dans la longueur et dans la largeur, ils conserveront bien leur distance et leurs chefs de file ; qu'ils tourneront bien exactement sur le même point que les conducteurs de reprises, et à la même allure ; on leur fera exécuter un changement de direction oblique.

(*Voyez l'ordonnance, n.º 196, pl.* 43). On commencera un changement de direction dans la longueur, avec les attentions prescrites ; et lorsque chaque rang se trouvera en file au milieu du manége, et à-peu-près à la même hauteur, on commandera :

1 Garde à vous.

2 Oblique à droite (*ou* à gauche).

3 Marche.

Et les cavaliers arrivant à un petit pas de la piste :

4 En — avant.

Ce mouvement se trouvant suffisamment expliqué dans l'ordonnance, ainsi que les différentes attentions de chacun, je ferai seulement observer que sa bonne exécution repose, en grande partie, sur l'à-propos et la précision des commandemens de l'instructeur, et sur le moment qu'il choisit pour le faire exécuter : toutes les fois que les cavaliers seront à leurs distances, les chevaux bien calmes et d'aplomb, que le commandement *marche* sera prononcé de manière à ce que les conducteurs de reprises ne soient pas obligés de forcer leur degré d'obliquité pour arriver un peu en avant du coin, le mouvement ne peut manquer d'être bon ; comme il serait infailliblement mauvais dans le cas contraire.

(*N°* 197 *du texte de l'ordonnance*). Les cavaliers ont presque tous le défaut de forcer le degré indiqué d'obliquité ; les instructeurs doivent porter leurs soins à le prévenir ou à le corriger ; car il a de graves inconvéniens dans l'escadron, en ce qu'il rompt l'ensemble d'une troupe gagnant du terrain vers un de ses flancs sans changer de front. Pour leur rendre ces conséquences sensibles, et leur faire voir quel est le degré d'obliquité prescrit, il suffira de leur faire exécuter préalablement des quarts d'à-droite et des quarts d'à-gauche de pied ferme, ainsi que le prescrit l'ordonnance.

Quand on aura amené les cavaliers au point d'exécuter correctement les changemens de directions obliques, on les alternera avec ceux dans la longueur et dans la largeur ; car il n'est nullement nécessaire de s'astreindre à la succession des six changemens de main de l'ordonnance, le but de cette leçon étant d'apprendre aux cavaliers à conduire leurs chevaux dans tous les sens, et avec le plus d'aisance possible ; donc les instructeurs ne doivent pas toujours faire succéder tel mouvement à tel autre : ce ne serait plus qu'une routine.

Il faudra toujours répéter au trot, tous les mouvemens que l'on fera au pas.

Des à-droite et des à-gauche, et demi-tours, en marchant.

On fera ensuite exécuter des à-droite (ou des à-gauche), en marchant ; mais toujours avec l'attention de ne faire passer les cavaliers à un autre mouvement, que lorsque celui qui le précède a été conçu et exécuté d'une manière satisfaisante.

Les cavaliers marchant à main droite, et se trouvant sur les grands côtés, à-peu-près à la même hauteur, on commandera :

1 Garde à vous.

2 Par cavalier, à droite.

3 Marche.

4 En — avant.

5 Guide à gauche.

(*Voyez l'ordonnance*, n.º 199, *pl.* 45). Et lorsque les cavaliers, marchant ainsi de front, et ayant passé dans les intervalles les uns des autres, arriveront à trois ou quatre pas de la piste opposée, on les remettra en file dans l'ordre renversé, en faisant les mêmes commandemens, excepté l'indication du guide (*Voyez l'ordonnance*, n.º 200).

Pour bien exécuter ces mouvemens, quatre choses sont indispensables : 1.º l'observation exacte des distances avant que de commencer le mouvement ; 2.º au commandement *marche*, l'arc de cercle de deux ou trois pas, décrit exactement, et en-même-temps, par chaque cavalier ; 3.º après l'arc de cercle décrit, se porter bien droit devant soi, à la deuxième partie du commandement *en avant*, dans une direction bien perpendiculaire à celle que l'on vient de quitter, sans chercher à se jeter ni à droite ni à gauche; car si l'arc de cercle a été décrit également par tous les cavaliers, les intervalles seront conservés; 4.º enfin, une égalité de vitesse d'allure dans l'exécution.

Il est impossible, si ces différentes attentions sont bien observées, que le mouvement soit mauvais.

(N.º 202 *du texte de l'ordonnance*). L'instructeur doit aussi faire ses commandemens bien à-propos; autrement, l'effet des mesures ci-dessus serait manqué. L'indication du guide doit être prononcée avec force, et distinctement; ce qui fait donner un coup-d'œil de son côté aux cavaliers; fait ralentir l'allure à ceux qui sont trop avancés, et la fait augmenter insensiblement à ceux qui se trouvent en retard. Les conducteurs de reprises, qui se trouvent guidés après le mouvement, auront bien attention de se conformer à ce que prescrit l'ordonnance; c'est-à-dire, *d'exécuter lentement leur à-droite*, avec calme, et en allongeant un peu leur arc de cercle, afin que les autres cavaliers ayent le temps d'exécuter le leur; parce qu'il y a moins d'inconvéniens à ralentir l'allure qu'à l'augmenter.

On ne doit point astreindre les cavaliers à passer dans des intervalles désignés; car il s'en suit de là, que les fautes de l'instructeur sont agravées souvent par des cavaliers, qui, se trouvant loin de la direction de leur intervalle, par un commandement fait trop tôt ou trop tard, se jettent avec à-coup sur leur voisin de droite, ou de gauche, qui à son tour se jette sur un autre; et tout cela dans l'intention de passer dans son intervalle, sans réfléchir que le but de cette leçon est d'apprendre à tenir et à conduire son cheval droit, et non à donner à ses mouvemens une exécution simétrique et théâtrale Il est sans doute plus agréable à l'œil, et plus régulier de passer ainsi exactement dans son intervalle; mais il ne faut pas que ce soit aux dépens des principes; on obtiendra cependant ce résultat en se conformant à ce que je viens de dire.

On se souviendra qu'il est prescrit au cavalier *qui de la queue de la colonne se trouve à la tête*, après le second à-droite exécuté, *de faire son mouvement en allongeant un peu son allure*, afin de dégager le terrain, et laisser aux autres l'espace nécessaire pour exécuter le leur en avançant, et sans ralentir leur allure.

Demi-tours à droite, en marchant.

Quand les cavaliers exécuteront bien les *à-droite* au pas et au trot, on leur fera exécuter les *demi-tours*, d'après les mêmes principes; on commandera :

    1 Garde à vous.

    2 Par cavalier, demi-tour à droite
       (*ou* à gauche).

    3 Marche.

(*Voyez l'ordonnance*, *n.*° 201, *pl.* 46).

Ce mouvement demandant encore plus de calme et de justesse, pour que les intervalles soient conservés, et que les cavaliers soient alignés après le mouvement, on ne le fera exécuter au trot que lorsqu'on sera assuré que les cavaliers sont susceptibles de bien faire ; jusqu'à ce moment, on fera exécuter les demi-tours au pas. Le cavalier de la queue de la colonne, qui devient guide après le mouvement, doit exécuter son demi-tour lentement, pour les mêmes raisons que dans l'à-droite le conducteur de reprises ralentit.

(*Texte de l'ordonnance*, n.° 203). *Quand la reprise aura commencé à gauche, on fera des à-gauche au-lieu de faire des à-droite : quand on aura fait au pas tout ce qui vient d'être prescrit, on répétera au trot les mêmes mouvemens, en se conformant aux mêmes principes.*

Depuis le n.° 203, tout ce qui suit dans l'ordonnance, jusqu'au n.° 205, est le complément, le résultat du travail précédent.

C'est ici qu'il faut s'occuper de régler, d'unir
et de décider les allures ; de faire répéter au
trot tous les mouvemens que les cavaliers
auront fait au pas dans le courant de la reprise. J'ai déjà dit que le trot, à la troisième
leçon, devait être franc, uni et décidé ; je le
répète encore : des chevaux de troupe ne
doivent point connaître d'allure raccourcie
ni tâtonnée ; à la guerre, on ne monte point à
cheval comme dans les manéges d'académie ;
il faut de l'aplomb, mais de la vîtesse ; du
calme, mais de la franchise dans les allures.
Sans cela, il n'y aura ni ensemble ni force,
quand plus tard on les réunira en escadron.

On ne s'occupe généralement pas assez
de résultats ; on craint d'essouffler, de fatiguer
les chevaux, en les faisant trotter un peu
long-temps ; de là viennent les allures tâton-
nées, mal réglées et désunies, que l'on trouve
dans presque tous les chevaux de troupe ; de
sorte que lorsqu'on veut leur faire prendre
un trot allongé, ils prennent de suite le galop, et le galop de course ; c'est faute de
les y avoir exercés. Je conseille de faire
trotter beaucoup les cavaliers à la troisième
leçon, mais seulement quand leurs positions seront bien assurées, et qu'on n'aura
plus à craindre qu'ils employent des moyens
de forces pour se tenir, et quand ils se serviront des mains et des jambes avec assez de
justesse et d'aisance pour bien conduire leurs
chevaux à toutes les allures, et les tourner

à droite et à gauche avec facilité ; et surtout quand on verra qu'ils conservent bien leurs distances.

On fera ensuite allonger le trot , en leur répétant ce qu'ils ont à faire pour ne point laisser forger leurs chevaux ; et on pourra même leur faire faire quelques tours au galop, en laissant les chevaux passer d'eux-mêmes à cette allure en arrivant dans un coin, afin qu'ils partent juste. Cette leçon n'aurait pour but que d'habituer par gradation les cavaliers aux mouvemens rapides , et leur donner de la hardiesse et de la confiance à cheval. Il est bien entendu que ceci s'exécuterait sans commandement , et seulement en faisant allonger le trot jusqu'à ce que les chevaux prissent le galop, dans lequel les cavaliers les entretiendraient en s'asseyant, se relâchant ; en tenant les jambes près, et formant de temps-en-temps de légers demi-temps d'arrêt. Il est bien entendu encore, que je ne conseille d'user de cette leçon, qu'en proportion de la force des cavaliers , et dans le cas où ils auraient été instruits avec tous les soins et les attentions que je recommande dans le cours de ces trois premières leçons ; soins et attentions que des instructeurs doivent toujours avoir , pour peu qu'ils se pénètrent de quelle importance sont leurs fonctions pour la prospérité et les succès des corps où ils servent.

(N.º 204 *du texte de l'ordonnance*).

Après avoir ramené graduellement les cavaliers du galop au trot allongé, du trot allongé au trot soutenu, et enfin au pas, avec toutes les attentions et la progression indiquées, on fera, ainsi que le dit l'ordonnance, gagner la queue de la reprise, *pour les habituer à être maîtres de leurs chevaux*, et accoutumer ceux-ci à sortir du rang facilement. Il sera bon de répéter souvent cette leçon, au pas et au trot; car un cheval qui ne voudrait pas quitter les autres (et on en trouve malheureusement beaucoup) à la guerre, compromettrait la vie ou la liberté de son cavalier. Il suffit, je pense, d'indiquer ceci en passant, pour que l'on en sente toutes les conséquences, et pour que les instructeurs emploient tous leurs moyens et leur patience à corriger les chevaux qui auraient des dispositions à devenir rétifs, au point de ne vouloir pas sortir de la file. Il n'y a pas de commandement indiqué dans l'ordonnance pour ce mouvement; il suffira d'une indication de l'instructeur.

Appuyer à droite.

(N.° 205 *du texte de l'ordonnance*). Pour donner aux cavaliers les principes et les moyens pour faire appuyer leurs chevaux à droite et à gauche, *on commencera un changement de direction dans la longueur*

*du manége ; et lorsque les files se trouveront
à côté l'une de l'autre, on commandera :*

1 Garde à vous.

2 Colonne.

3 Halte.

De manière à ce que les deux files se trouvent à-peu-près à la même hauteur ; et ensuite
on commandera :

1 Garde à vous.

2 Appuyez à droite.

3 Marche.

(*Voyez l'ordonnance, n.°* 206 , *pl.* 47).
Ce mouvement se trouvant parfaitement détaillé dans l'ordonnance, je ne ferai qu'indiquer ce que je crois utile d'observer aux cava-
valiers, pour plus de rectitude dans l'exécution.

Au commandement préparatoire, *appuyez
à droite*, il est dit : *les cavaliers détermineront les épaules de leurs chevaux à droite, en
ouvrant la rêne droite, et fermant un peu la
jambe droite...* Ces mots *un peu* ne sont
certainement pas là jetés au hasard ; l'ordonnance a laissé aux instructeurs le soin d'en
faire l'application. En effet, il faut la fermer
bien peu pour déterminer les épaules, puisque, à la rigueur, la rêne seule suffirait. C'est
pour ne pas assez sentir cette modification

que beaucoup de cavaliers, au-lieu de ce léger mouvement de préparation, font exécuter à leurs chevaux plus même d'un quart d'à-droite. Il est essentiel de faire sentir cela aux cavaliers, pour que, au commandement *marche*, le mouvement s'exécute d'après les principes établis. Dans son exécution, le corps de l'homme ayant une grande propension à pencher du côté opposé où l'on marche, les cavaliers doivent mettre la plus grande attention à bien s'identifier à leurs chevaux; parce que, dans sa position verticale, ce même corps faisant sur le cheval l'effet d'un bras de levier, il est constant que s'il ne marchait pas en-même-temps que lui, qu'il restât en arrière, la marche du cheval en serait entravée, en raison de la résistance qu'il aurait à vaincre. Il est donc essentiel, pour faciliter ce mouvement au cheval, que l'homme conserve sa position : c'est un défaut à corriger dans tous les commençans. On leur dira de s'opposer à l'impulsion qui tend à les rejeter du côté opposé où l'on marche, en sentant également le poids du corps sur les deux fesses, et en lui donnant une légère impulsion du côté où l'on marche.

Au commandement *halte*, les cavaliers arrêteront, en approchant la jambe droite, sentant l'effet de la rêne gauche, et diminuant celui de la rêne droite, de manière à redresser en-même-temps leurs chevaux.

Aussitôt qu'ils seront arrêtés et droits, il faudra baisser les poignets et relâcher les jambes. On leur rendra tout-à-fait, pendant un moment; les cavaliers les caresseront en secouant légèrement les rênes du bridon, pour leur faire *goûter le mors*.

Appuyer à gauche.

(N.º 207 *du texte de l'ordonnance*). On fera reprendre le terrain parcouru, en appuyant à gauche, par les mêmes principes et les moyens contraires. Les deux files se retrouveront alors au milieu du manége, et à la même hauteur, pour peu que les cavaliers ayent gagné de terrain en avant en appuyant. Chaque cavalier reprendra son chef de file et sa distance.

On ne doit que très-peu exercer les hommes et les chevaux à ces mouvemens, pénibles pour ces derniers, et difficiles pour les premiers dans les commencemens, afin de ne pas rebuter les uns et les autres.

(N.º 208 *du texte de l'ordonnance*). Je dirai peu de chose des moyens que prescrit l'ordonnance, pour les cas où le cheval recule ou avance trop en appuyant; car il n'y a rien à y ajouter; mais je recommande aux instructeurs de s'appesantir beaucoup là-dessus, et de s'attacher à ce que les cavaliers saisissent bien cet accord des mains et des jambes. Ils devront savoir *que les épaules doivent toujours ouvrir la marche et précéder le mouvement des hanches*, parce que l'articulation de *l'omoplate* avec le corps et avec *l'humérus* leur permettant bien peu de mouvemens latéraux (sur les côtés), le cheval est obligé de croiser ses jambes l'une par-dessus l'autre pour marcher ainsi, ce qui lui rend ce mouvement très-pénible pour l'avant-main; tandis que l'articulation *par genoux* de l'os de la cuisse avec l'os de la hanche (le fémur dans la cavité *cotyloïde*), permettant aux extrémités postérieures des mouvemens de rotation bien plus étendus, il s'en suivrait que, marchant les premières, les épaules ne pourraient les suivre et resteraient en arrière; le cheval, dans cette situation, serait extrêmement gêné, et pourrait même s'embarrasser au point de tomber. Une autre raison milite encore pour que les épaules marchent les premières, le cavalier devant *regarder du côté vers lequel on appuye*, serait obligé de trop tourner la tête, ce qui, infailliblement, entraînerait les épaules.

Lorsque le cheval marche ainsi de côté, cela s'appelle indistinctement *chevaler* ou *chevaucher*; on rend encore cela par les expressions, *faire tenir* ou *donner des hanches*, *faire fuir les talons*.

Pour remettre les cavaliers en mouvement sur la piste, on commandera :

1 Garde à vous.

2 Colonne en avant.

3 Marche.

Et on recommandera aux conducteurs de reprises, de tourner à droite aux petits côtés.

Serrer le rang, à droite ou à gauche.

(N.º 209 *du texte de l'ordonnance, planche* 48). Les cavaliers étant en files sur les grands côtés du manége, on commandera :

1 Garde à vous.

2 Par cavalier à droite.

3 Marche.

Et aussitôt le mouvement exécuté :

4 Halte.

Ensuite, les chevaux étant calmes :

1 Garde à vous.

2 Serrez à gauche.

3 Marche.

Ce qui s'exécutera d'après les mêmes principes que pour appuyer à gauche, avec l'attention de ne pas se jeter avec à-coup sur son voisin du côté vers lequel on appuye, et arriver tranquillement joindre sa botte.

Quand on marchera à main gauche, on commandera : *par cavalier à gauche, marche, halte* et *serrez à droite, marche.* On pourrait faire r'ouvrir les files et reprendre les intervalles, par les commandemens et les moyens contraires aux premiers, et faire ensuite resserrer; les chevaux s'habitueront mieux de cette manière à faire le pas de côté, et les cavaliers trouveront moins de difficultés. Quand une fois ils seront bien confirmés dans l'usage des *aides*, on leur fera exécuter ces mouvemens de toutes les manières.

(N.º 210 *du texte de l'ordonnance*). Les rangs étant serrés, on commandera *repos.* Les cavaliers, alors, rendront totalement à leurs chevaux, en leur laissant tomber les rênes sur le cou. Ils devront encore profiter de ce moment de repos pour les caresser, et les faire jouer avec le mors du bridon, en secouant les rênes. Pendant ce temps, ils ne seront plus astreints à garder l'immobilité.

Principes d'alignement.

Autant que faire se pourra, on ne donnera les principes d'alignement qu'après la reprise ; parce qu'alors le travail ayant calmé les chevaux, ils seront plus tranquilles, et il sera plus facile, en cet état, de bien faire concevoir aux cavaliers les moyens qu'ils doivent employer pour s'aligner promptement et correctement.

Les bons alignemens sont ordinairement le cachet des troupes bien exercées ; ils dépendent des progrès que les cavaliers auront faits dans le travail des première, deuxième et troisième leçons.

Si, dans l'hiver, le froid était excessif, on donnerait les principes d'alignement avant que de commencer la reprise, pour que cet état de repos ne soit pas nuisible aux hommes, et surtout aux chevaux, que le travail de la leçon met souvent tout en nage ; mais, autant que faire se pourra, on les donnera après, par les raisons que j'ai exposées. Quant aux principes de conversions, il n'y a nul inconvénient à les donner après le travail, en quelque saison que ce soit, parce que ces mouvemens tiennent suffisamment les chevaux en haleine.

(N.º 211 *du texte de l'ordonnance*). Il n'est guère possible de donner un détail d'alignement, en-même-temps plus concis et plus explicite, que celui que donne l'ordonnance. On s'attachera à bien faire concevoir aux cavaliers tout ce qu'il renferme, en se servant d'expressions à leur portée : *accorder ses épaules sur celles de son voisin du côté de l'alignement*; c'est les établir de manière qu'une ligne droite amenée des épaules du premier cavalier d'une aile, passe par celles de tous les cavaliers qui composent le rang, sans changer de direction, et en les traversant toutes au même point.

Après avoir établi trois cavaliers de la droite du rang sur une base d'alignement bien correcte, et à quatre pas en avant du front du rang, on commandera :

 1 Garde à vous.

 2 Par cavalier — à droite — alignement.

(*Voyez l'ordonnance, même numéro que ci-dessus, pl. 49, fig. 1.re*).

Chaque cavalier doit rassembler son cheval, lorsqu'il voit que son voisin du côté de l'alignement se met en mouvement; parce que si tous les rassemblaient à-la-fois, ceux qui se trouvent depuis le centre du rang jusqu'à l'aile opposée, seraient tenus rassemblés trop long-temps, et pourraient occasionner du désordre. Les cavaliers s'aligneront d'autant plus promptement, qu'ils arriveront plus doucement sur la ligne, et leurs chevaux droits et calmes. Il vaut mieux commander *fixe*, malgré que quelques cavaliers ne seraient pas bien alignés, et recommencer le mouvement, que de faire de ces alignemens tâtonnés, qui sont si difficiles à rectifier, et qui après cela ne valent rien ; qui fatiguent l'attention des cavaliers et la patience des chevaux qui finissent par mettre le désordre dans le rang.

Les cavaliers, en se servant des jambes pour redresser ou faire avancer leurs chevaux, éviteront avec soin de leur faire sentir l'éperon. Les instructeurs y veilleront ; car c'est ordinairement de là que vient le désordre.

On fera aussi porter trois cavaliers de la gauche quatre pas en avant, et on les établira de même sur une direction donnée, et on commandera :

1 Garde à vous.

1 Par cavalier — à gauche — alignement.

(*Voyez l'ordonnance, n.° 212, pl. 49, figure 2*).

Ce qui s'exécutera d'après les mêmes principes et les moyens contraires, et avec les mêmes attentions de la part des instructeurs, et de celle des cavaliers.

Ensuite on donnera aux bases d'alignement des directions obliques, pour apprendre aux cavaliers à s'aligner dans tous les sens et sur toutes les directions. Les instructeurs doivent regarder comme règle générale de bien établir la base d'alignement, et de veiller à ce que les cavaliers ne la dépassent jamais, de manière à ne pas se trouver *dans le cas de reculer*; car il est bien plus aisé de rectifier un alignement en avançant qu'en reculant. Ils devront aussi habituer les cavaliers à conserver la tête tournée du côté de l'alignement jusqu'au commandement *fixe*, et à garder la plus constante immobilité, après qu'il aura été prononcé.

(N.° 213 *du texte de l'ordonnance*). Je renvoye à l'ordonnance pour tous les principes de rectification d'alignement; ce qu'on y ajouterait ne pourrait valoir ce qu'elle en dit; tout y est prévu, excepté les cas où les cavaliers tourneraient trop la tête pour s'aligner, ce qui, en ayant l'inconvénient d'entraîner les épaules, entraîne aussi tout le côté opposé à l'alignement; ce qui est la cause que les chevaux sont trop tournés du côté de l'alignement et trop avancés. Quand les cavaliers sont en arrière de l'alignement, cela vient ordinairement de ce que les épaules refusent au contraire d'avancer; les instructeurs doivent donc s'assurer si chaque cavalier est placé carrément, avant que de lui prescrire, selon le cas, ce qu'il doit faire pour avancer ou reculer son cheval dans le carré de l'alignement.

Cet effet est immanquable; si la tête et les épaules sont trop tournées du côté de l'alignement, l'aile opposée sera trop avancée; et si les épaules refusent, elle sera indubitablement trop en arrière; par la raison que la position de l'homme influe sur celle du cheval.

(N.º 214 *du texte de l'ordonnance*).
Quand on verra que les chevaux sont droits
et les cavaliers alignés, on fera baisser les
poignets et relâcher les jambes, sans que pour
cela les cavaliers quittent l'immobilité, qu'au
commandement *repos*, auquel on les laissera
un moment, avant que de leur donner les
principes de conversions.

Principes de conversions.

(N.º 215.) C'est une chose bien essentielle
en cavalerie, que les conversions !... C'est la
base de toutes manœuvres, comme la marche
directe et la charge en sont le résultat ; on ne
saurait donc trop y exercer les cavaliers, ni
trop s'attacher à les leur faire comprendre. Ces
mouvemens, qui semblent si difficiles, ne
demandent cependant que du calme et de
l'attention ; et quand une fois on aura gagné
ces deux choses essentielles sur les cavaliers,
on sera assuré de la rectitude de l'exécution
des conversions.

Les deux rangs étant à files serrées, et
assez éloignés l'un de l'autre pour ne pas se
gêner en conversant, l'instructeur leur fera
le détail tel qu'il se trouve au n.º 215 de l'ordonnance, en y ajoutant les observations
qu'il croira propres à rendre son explication
plus claire : comme il ne pourrait surveiller
et rectifier l'exécution du mouvement dans les
deux rangs à-la-fois, il chargera le plus instruit

des sous-officiers, ou brigadiers, qui lui sont adjoints, d'en surveiller un; ensuite il commandera :

1 Garde à vous.

2 En cercle à droite (*ou* à gauche).

3 Marche.

(*Voyez l'ordonnance*, n.º 216, *pl.* 50).

Au commandement *en cercle à droite* (ou à gauche), tous les cavaliers rassembleront leurs chevaux.

Au commandement *marche*, le conducteur de l'aile marchante se mettra en mouvement au pas, ayant attention de mesurer de l'œil le cercle qu'il a à parcourir, pour n'occasionner aucun resserrement ni ouverture dans le rang; pendant toute la durée de la conversion, il aura de même l'œil sur l'ensemble de ce même rang, pour veiller à ces deux objets importans. Tous les cavaliers du rang se mettront en mouvement en même temps que lui, sans à-coup, et en tournant la tête du côté de l'aile marchante, pour la voir venir, et régler en conséquence le degré de vîtesse de leur allure sur elle, et sur l'éloignement où ils se trouvent du cavalier qui est au point central de la conversion. Ce cavalier, qui sert ainsi de pivot, doit se conformer au mouvement du rayon circulaire que forme le rang, en rangeant les hanches de son cheval à droite (ou à gauche,) sans reculer ni avancer. Il est constant qu'en proportion de l'éloignement ou du rapprochement de ce pivot, les différentes lignes circulaires que les cavaliers ont à parcourir varient. Or, pour qu'elles soient décrites toutes en-même-temps, deux choses sont indispensables : d'abord, de bien régler l'allure de son cheval, de manière à n'employer ni plus ni moins de temps à parcourir son cercle, que ceux qui en ont un plus ou moins grand ; il est nécessaire ensuite, pour l'ensemble du mouvement, que les chevaux soient pliés dans le sens du cercle qu'ils parcourent ; chaque cavalier doit donc arrondir son cheval sur son arc de cercle particulier, en lui faisant sentir plus ou moins l'effet de la rêne et de la jambe du dedans. Les cavaliers doivent en outre ne jamais quitter la botte de leur voisin du côté du pivot, de manière cependant à ne jamais jeter celui-ci en-dehors du point central de la conversion. Il faut bien leur recommander de ne se servir que des jambes, et jamais de l'éperon ; car il arrive souvent qu'un cheval piqué, en faisant une pointe ou un écart, rompt l'ensemble du rang ; il faut encore leur faire observer que l'effet de la rêne et de la jambe opposée doit contrebalancer celui de la rêne et de la jambe du côté du pivot ; car sans cela, les épaules des chevaux seraient amenées vers celui-ci, tandis que la croupe serait chassée du côté de l'aile marchante.

Quand on commencera à donner les principes de conversions, il faut d'abord mettre les cavaliers en mouvement à files serrées, pour les leur faire mieux concevoir; mais quand une fois ils en ont acquis l'intelligence, pour les confirmer et les fortifier dans ces mouvemens, on les leur fera exécuter à files ouvertes, à un pas d'intervalle. De cette manière, ils en comprendrout mieux le mécanisme, et apprendront plus particulièrement dans cet exercice, à se servir avec justesse des mains et des jambes, pour arrondir leurs chevaux sur le cerclè qu'ils doivent parcourir.

Pour faire ouvrir les files, le rang étant en mouvement, on commandera :

1 Garde à vous.

2 Ouvrez les files à gauche (*ou* à droite).

3 Marche.

Au commandement *marche*, chaqué cavalier gagnera insensiblement du terrain à gauche, en ouvrant la rêne gauche et fermant un peu plus la jambe droite que l'autre, de manière cependant à gagner beaucoup plus de terrain en avant que sur le côté, pour ne pas rester en arrière du rayon circulaire. Aussitôt que le cavalier qui est à la botte du pivot aura un pas d'intervalle, il cessera de gagner du terrain à gauche, et

continuera de converser ainsi sans s'en rapprocher ; celui qui est à sa gauche en fera autant, lorsqu'il sera à un pas d'intervalle, et
ainsi de suite, jusqu'à l'aile marchante.

Les cavaliers continueront de converser
ainsi à files ouvertes, avec la plus grande attention de ne pas se resserrer, et en arrondissant toujours leurs chevaux sur leur arc de
cercle.

En conversant ainsi, les cavaliers sont privés du tact de la botte pour se maintenir alignés ; et s'ils avaient constamment la tête du
côté de l'aile marchante, ils finiraient par
s'éloigner considérablement du pivot, ou par
le dépasser, rester en arrière, ou enfin par
se jeter tout-à-fait sur lui. Pour obvier à ces
inconvéniens, ils donneront alternativement
un coup-d'œil au pivot et à l'aile marchante,
sans tourner la tête, de manière à conserver
leurs intervalles et à se maintenir alignés.

Pour faire resserrer les files, on commandera :

1 Garde à vous.

2 Serrez les files à droite (*ou à*
      gauche).

3 Marche.

Au commandement *marche*, les cavaliers
se rapprocheront du pivot avec la même gradation que pour s'en éloigner. Ils auront atten-

tion de fermer la jambe de son côté assez à temps pour ne pas le jeter en dehors.

A mesure que les instructeurs verront que les cavaliers acquerront plus d'aisance et d'ensemble dans ces mouvemens, ils les feront durer davantage, jusqu'à ce qu'ils s'ouvrent et se resserrent sans à-coup, et qu'ils soient susceptibles d'exécuter au trot les conversions à files ouvertes et à files serrées, et de s'ouvrir et se resserrer de même.

Il est bien entendu que lorsqu'on conversera à gauche, on fera ouvrir les files à droite, et serrer à gauche. Toutes les fois qu'on voudra changer le côté de la conversion, on fera arrêter pour éviter le désordre.

Lorsqu'on voudra remettre les cavaliers en files sur la piste, on fera rompre par un, dans chaque rang, et faire quelques tours au pas et au trot, pour finir la leçon. Ensuite on fera former les rangs l'un après l'autre, par les commandemens *front* et *halte*.

Pour faire exécuter cette formation, les instructeurs saisiront le moment où le conducteur de reprise du premier rang arrive à l'un des petits côtés du manége; lorsqu'il aura passé le premier coin, ils commanderont :

1 Garde à vous.

Et lorsqu'il sera près d'arriver au second coin :

2 Front.

A ce commandement, le conducteur de

reprise tournera son cheval, d'après les principes indiqués, et se portera droit devant
lui, jusqu'au commandement *halte* que lui fera
l'instructeur, à-peu-près au quart de la longueur du manége. Tous les autres cavaliers
tourneront successivement leurs chevaux,
lorsqu'ils seront près d'arriver vis-à-vis la place
qu'ils doivent occuper dans le rang, et se dirigeant de manière à arriver tranquillement, et
au pas, à la gauche de celui qui était immédiatement devant eux, si l'on marche à main gauche, ou à sa droite, si l'on marche à main droite.

On fera former le second rang derrière le
premier, par les mêmes commandemens,
excepté celui de *halte*, qui devient inutile
dans ce cas, puisque les cavaliers du second
rang doivent s'arrêter d'eux-mêmes, à deux
pieds de la croupe des chevaux de leurs chefs
de file, qui leur serviront de règle pour tourner leurs chevaux.

(N.º 217 *du texte*, *planche* 51). Le peloton étant formé sur deux rangs, on l'alignera,
et on fera compter les cavaliers par quatre,
dans chaque rang; et ensuite rompre par
deux, ou par quatre, pour retourner au quartier; et pendant le trajet, on aura les mêmes
attentions que pour venir du quartier au manége; excepté qu'on recommandera aux ca-
liers de rendre entièrement la main à leurs
chevaux, afin de les calmer avant que de les
rentrer à l'écurie.

En arrivant au quartier, l'instructeur commandera :

    1 Garde à vous.
    2 Formez le peloton.
    3 Marche.

Au commandement *formez le peloton*, tous les cavaliers prépareront leurs chevaux à prendre le trot, excepté les deux ou quatre premières files.

Au commandement *marche*, les deux ou quatre premières files continueront de marcher droit devant elles, et au pas; toutes les autres qui suivent se porteront de suite en obliquant à gauche, au trot, à la hauteur et à la gauche des deux ou quatre premières, si l'on a rompu par la droite; et si l'on a rompu par la gauche, elles se porteront, de même au trot, en obliquant à droite, à leur hauteur et à leur droite, où en arrivant successivement, elles se mettront au pas : le peloton formé, l'instructeur commandera GUIDE A GAUCHE, dans le cas où le peloton se serait formé ayant la gauche en tête ; et GUIDE A DROITE, dans le cas contraire.

On fera arrêter le peloton, et on fera mettre pied à terre, d'après les principes de la seconde leçon (n.° 172). Comme c'est la première fois que les cavaliers se trouvent formés sur deux rangs, on leur expliquera qu'au commandement *préparez - vous pour mettre pied à terre*, les nombres *un* et *trois* du premier rang se porteront quatre pas en avant, pendant que les nombres *deux* et *quatre* du second, reculeront de la même longueur. Les quatre rangs devront être bien alignés ; et on prendra les précautions déjà indiquées pour mettre pied à terre, et faire reprendre les rangs. Il ne faudra jamais omettre ce principe.

On fera ensuite défiler par la droite et par la gauche, alternativement, en exigeant dans ces mouvemens toute la rectitude possible.

FIN DE LA TROISIÈME LEÇON.

QUATRIÈME LEÇON.

Travail des Cavaliers au large, les chevaux bridés.

AVANT que de passer à la quatrième leçon, les cavaliers doivent être bien affermis dans le travail de la troisième. Leur position aura dû acquérir la solidité nécessaire pour que, dans l'usage de la bride, ils ne soient pas distraits par la crainte de la perdre, et qu'ils portent toute leur attention à se servir de cette dernière, comme il sera indiqué dans le cours de cette leçon.

Avant que de commencer le travail, les instructeurs devront veiller à la manière dont les chevaux sont bridés, en consultant la sensibilité de la bouche du cheval, et l'effet que le mors, par sa conformation, fait sur les *barres*. Cette conformation du mors doit être proportionnée à celle des parties de la bouche soumise à son action; et pour en juger sainement, il est indispensable d'avoir, comme je l'ai déjà dit, des notions justes en hippiatrique. Je ne crois pas hors de mon sujet de dire quelque chose ici de cette branche de l'instruction.

Ce n'est point un traité d'embouchure que je prétends donner ; je vais seulement tâcher d'indiquer succinctement, et le plus clairement qu'il me sera possible, les connaissances en cette science, que je crois devoir être indispensables à un officier de cavalerie, ou à celui qui, par son zèle pour l'instruction, aspire à l'honneur de le devenir un jour.

La bouche du cheval doit être considérée comme formant un point de sensibilité au moyen duquel s'établit entre le cavalier et sa monture, une communication qui subordonne les actions de l'animal aux volontés de l'homme.

Les parties de la bouche les plus essentielles à connaître, pour bien emboucher un cheval, sont : *les lèvres, les barres, la langue, et la barbe* ; toutes comprises dans l'action du mors, et plus ou moins soumises à son effet, selon leurs proportions réciproques.

Les lèvres et la langue ne jouissent pas d'une grande sensibilité, mais elles peuvent, par leur volume ou par leur position, annuler ou augmenter l'effet du mors sur les barres. Quand la langue est épaisse, par exemple, qu'elle ne se loge pas facilement dans le *canal,* le mors, au-lieu de porter sur les barres, porte tout entier sur elle, et son action est à-peu-près nulle, puisque nous venons de dire que la langue n'est pas susceptible d'une grande sensibilité. Quand à ce défaut se joint celui des lèvres épaisses et charnues, qui,

quelquefois se renversent en-dedans, et re-
couvrent les barres d'une carnosité épaisse et
insensible. On n'a guère de moyens d'obvier
à la dureté de la bouche, qu'au moyen de la
gourmette et d'une embouchure méthodique,
qu'il n'est pas toujours facile de se procurer,
depuis surtout qu'une seule forme de mors a
été adoptée pour toute la cavalerie française.

Les barres formées par l'espace interdentaire de la mâchoire postérieure, sont les
parties qui jouissent de la plus grande sensibilité, et sur lesquelles il est nécessaire de
bien faire porter les canons de l'embouchure ;
cette sensibilité est relative à la finesse de la
membrane qui recouvre l'espace interdentaire,
et est d'autant plus grande, que cette partie
osseuse est plus élevée et plus anguleuse. La
douleur qui résultera de la pression du
mors, sera d'autant plus active, qu'il reposera
sur des surfaces moins étendues. On peut
encore de là tirer la conséquence, que moins
les canons seront chargés de fer, moins sera
étendue la partie comprimée de la membrane,
et que plus douloureuse sera la sensation. Que
l'on n'oublie pas, surtout, que cette membrane,
indépendamment de son organisation particulière, et de la conformation des parties osseuses
sous-jacentes, jouit encore d'une sensibilité
relative au système général de sensibilité du
cheval.

La barbe n'est point, à proprement parler,

une partie constituante de la bouche ; mais comme elle est comprise dans l'action du mors, par rapport au point d'appui qu'elle donne à la gourmette, j'ai cru devoir la placer après les parties les plus essentielles à bien connaître pour qui veut assurer et varier l'action du mors de la bride, comme partie essentielle elle-même.

La barbe est l'endroit de séparation des branches de l'os de la mâchoire postérieure, nommé *maxillaire proprement dit*. Sa sensibilité dépend de la conformation des parties osseuses qui lui servent de base ; elle sera d'autant plus grande, que ces parties osseuses seront plus tranchantes ou anguleuses, et que la peau qui les recouvre sera plus fine, et dénuée de ces longs poils que l'on rencontre dans les chevaux communs.

Les dispositions contraires augmenteraient l'insensibilité de la bouche déjà mal conformée, mais serait un bien dans le cas où il y aurait excès de sensibilité. Un peu au-dessus de la séparation des branches du *maxillaire*, se trouve une petite éminence osseuse, nommée *apophise génienne*, qui peut servir à augmenter la sensibilité de la barbe, en faisant appuyer la gourmette dessus.

L'écartement de l'os maxillaire se nomme intérieurement *canal*, et sert à loger la langue, qui peut être trop épaisse, par excès de son volume spécifique, ou par défaut d'ouverture de ce même *canal*.

Après avoir donné un aperçu des parties soumises à l'action du mors, je vais indiquer les cas où la bouche se trouve le plus communément dure ou trop sensible, par suite des différences qui existent dans la conformation de ces parties chez les différens sujets. Après, je parlerai de la conformation du mors, de ses effets, et des différentes modifications que l'on peut apporter dans sa confection, pour faire coïncider la configuration de toutes ses parties avec celle des parties de la bouche de chaque cheval, son encolure, la position de sa tête, etc., etc.

Les barres enfoncées sont ordinairement arrondies et la membrane qui les recouvre épaisse; dans cet état, elles sont peu sensibles, et pour peu que la langue soit épaisse aussi, et les lèvres charnues, l'embouchure ne peut guère produire d'effet sur elles. Cet état se trouve encore agravé par la grosseur et la briéveté de l'encolure, la pesanteur de la tête, et cet état de paresse, d'inertie presque, où se trouvent certains chevaux. La dureté de la bouche peut encore venir de la pesanteur des épaules, et de la faiblesse des extrémités postérieures, autant que de la conformation vicieuse des parties qui la constituent.

Un cheval peut avoir la bouche trop sensible par l'élévation des barres, leur peu d'épaisseur et l'écartement du canal, où la langue s'enfonce quelquefois de manière à ne rien supporter de l'appui du mors. Les *lèvres baveuses*, continuellement pendantes, surtout la postérieure, par suite de mauvaises embouchures, agravent encore ce trop de sensibilité des barres, en les laissant ainsi à découvert, et chargées seules de l'appui du mors. La douleur est quelquefois si forte dans ce cas, qu'elle met l'animal dans un état d'exaspération excessivement dangereux.

La bouche peut être trop ou trop peu fendue; conformations également vicieuses, en ce que dans le premier cas, le mors remonte dans la bouche, et porte sur les molaires, et que dans la dernier, il porte sur les crochets.

Il y a une infinité d'autres causes qui peuvent rendre la bouche trop sensible ou trop dure, et qu'il ne faut pas chercher dans la conformation des parties de la bouche soumises à l'action du mors, mais bien dans la conformation de la tête, de l'encolure, des reins et des jarrêts; dans le développement plus ou moins grand du système nerveux, etc... C'est aux instructeurs et aux officiers chargés d'emboucher les chevaux dans les corps, à bien faire attention aux différences qui existent dans leur conformation et leur manière d'être habituelle, pour adapter à chacun le mors qui, en les gênant le moins, produira les meilleurs résultats : résultats qui ne sont que l'obéissance passive de l'animal que l'on gouverne, en tout ce que ces moyens physiques peuvent lui permettre d'exécuter.

N'oublions pas surtout que ce sont les jarrêts et les reins qui sont chargés de répondre aux demandes qu'on lui fait, et que leur conservation, ou leur usure, dépendra de la sagesse de la main du cavalier, autant que de la perfection atteinte de la conformation du mors.

Du mors de bride.

(*Texte de l'ordonnance, base de l'instruction, article* 7, *planche* 15, *fig.* 1.re) *Le mors est composé de plusieurs pièces de fer; les quatre principales sont : l'embouchure* AA, *les branches* BB *et la gourmette* C, *qui agissant d'accord, et par le secours les unes des autres, assujétissent le cheval à l'obéissance.*

De l'arrangement de ses pièces de fer, résulte un double levier d'une forme particulière, mais qui rentre, cependant, dans les leviers du deuxième genre. La résistance, qui est l'impression que l'on veut produire sur *les barres*, se trouve entre la puissance et le point d'appui. La puissance est la main du cavalier, et le point d'appui est aux *porte-mors. Les branches* forment les bras du levier.

On a considéré, et quelques-uns considèrent encore *la gourmette* comme *le point d'appui du bras de levier dont les branches font l'effet;* cependant elle ne doit pas être

considérée comme telle. La gourmette est un
agent actif, dont l'action est subordonnée à
celle des branches, mais n'est pas du tout,
et ne doit pas être considérée comme point
d'appui du bras de levier que forme chaque
branche. Disons plutôt que la gourmette,
par le resserrement qu'elle produit, sert à
augmenter l'effet de la puissance sur la résistance, qui n'est autre chose que le point des
barres où portent les canons de l'embouchure ; resserrement qui doit toujours être
relatif à la conformation et à la sensibilité des
parties comprimées. Je pense donc que l'on
doit considérer en effet la gourmette comme
un point d'appui commun aux deux bras de
leviers que forment l'une et l'autre branches ;
mais seulement pour leur donner le degré de
fixité nécessaire pour augmenter leur action,
et non comme le point d'appui, proprement
dit, du bras de levier.

De l'accord et du mécanisme de toutes les
parties qui composent le mors, résulte une
compression, quand la puissance agit, relative d'abord à la longueur des bras de leviers
(des branches), et à la force que l'on employe
à les faire agir ; ensuite, à l'angle plus ou
moins ouvert que forment les bras de levier
avec la puissance (les branches et les rênes ;
car dans ce cas, ces dernières doivent être con-
sidérées comme la puissance, puisqu'elles sont
chargées de propager au loin l'action de la main).
C'est-à-dire, que plus l'angle que les rênes for-

ment avec les branches du mors, est ouvert, plus les premières auront d'action sur les dernières.

De cette compression résultera une douleur relative aussi à la délicatesse, ou à l'insensibilité de la bouche du cheval, et à la structure des parties du mors qui agissent directement sur les barres.

Ce sont ces différentes nuances qu'il est essentiel de saisir, pour emboucher toute espèce de chevaux, leur ajuster à chacun un mors selon la conformation et la sensibilité de sa bouche, qui puisse le faire obéir sans lui occasionner une trop grande douleur, qui est plus ou moins funeste à ses reins et à ses jarrets, parce que, comme je l'ai déjà dit, ce sont eux qui sont chargés de répondre aux demandes que l'on fait au cheval.

En étant bien pénétré de toutes ces considérations, on concevra facilement que toutes espèces de mors ne peuvent aller indistinctement à tous les chevaux, sans courir les risques de tout sacrifier à la routine, et de compromettre la vie ou la liberté des cavaliers qui les montent à la guerre, et de ruiner promptement ceux qui, ayant la bouche *belle*, s'abîment, se perdent les jarrets, par la douleur intolérable qu'ils éprouvent par l'action d'un mors mal proportionné à la sensibilité, à la délicatesse des parties qu'il comprime.

L'embouchure est divisée en *canons* et

liberté de langue. Les *canons* sont ces parties rondes, polies, plus ou moins grosses, les plus près des *fonceaux*, et qui agissent directement et immédiatement sur les barres; c'est de leur grosseur et de leur direction que dépend l'effet qu'ils y opèrent. La *liberté de langue* résulte du vide que laisse l'embouchure en s'amincissant et en remontant; elle doit être proportionnée à la grosseur de la langue, pour que cette dernière puisse s'y loger facilement, et qu'elle permette ainsi aux canons de porter sur les barres.

Pour bien emboucher un cheval, il faut lui ajuster un mors tellement conformé, qu'aucune partie de la bouche ne soit comprimée plus douloureusement que les autres.

Quand un cheval réunit à une grande sensibilité générale, une conformation de la bouche telle, que toutes ses parties prêtent au mors un commun appui, on doit lui ajuster une embouchure simple, presque droite et fort douce; et c'est surtout dans la main du cavalier qu'il faut chercher les moyens de ne pas gâter une aussi heureuse conformation.

Les barres enfoncées et arrondies, la langue épaisse et les lèvres charnues, exigent un mors à *canon montant*, et beaucoup de *liberté de langue*, afin que les canons puissent agir sur les parties latérales externes des *barres*, qui sont ordinairement plus sensibles en cet endroit, parce qu'elles y sont plus tranchantes,

Les canons seront un peu chargés de fer près des fonceaux, pour que les lèvres en soient un peu chargées, et écartées, de manière à ne pas annuler l'effet du mors, mais en le partageant cependant un peu. On modifie cette conformation du mors, selon le degré d'intensité de ce défaut de la bouche.

On doit donner un mors un peu large au cheval qui, au-dedans des lèvres, roule une carnosité détachée, dont il se sert à volonté pour annuler l'effet de l'embouchure, en l'introduisant entre les canons et les barres. Le mors un peu large écartera les lèvres et cette chair détachée, et empêchera ainsi que le cheval s'en arme contre son action.

Quand un cheval a la bouche trop fendue, ce qui fait remonter le mors contre les molaires, qui, quelquefois, le saisissent, on ne peut guère remédier à ce vice de conformation, qu'en donnant beaucoup de fer au mors, et en l'assujétissant ensuite avec une gourmette bien ajustée, qui l'empêchera alors de remonter.

Pour empêcher que le mors porte sur les crochets d'un cheval qui a la bouche trop peu fendue, il faut qu'il soit proportionné et délicat, peu chargé de fer; mais il faut aussi qu'il soit simple et presque droit, pour qu'il appuie sur la langue, de manière à ne pas offenser les barres de ces chevaux, qui sont ordinairement très-sensibles.

Il arrive souvent que des chevaux ont des barres extrêmement sensibles, avec une langue épaisse , ou un canal trop étroit pour qu'elle puisse s'y loger : si on donnait à une telle bouche un canon droit, la langue n'aurait pas de liberté , et supporterait seule l'appui du mors, qui serait nul sur les barres. Il faut donc lui donner assez de liberté de langue pour que l'appui soit partagé par toutes les parties de la bouche , et qu'il fasse assez d'effet sur les barres, sans cependant y exciter un sentiment trop vif; les canons devront avoir un peu plus de fer vers le fonceaux ; et être polis avec soin.

Quand un cheval réunit à une barbe maigre et décharnée des barres élevées et tranchantes, une langue mince ou un canal assez creux pour la loger entièrement, il faut lui ajuster un mors qui ne laisse aucune liberté à cette dernière , de manière qu'elle supporte une partie de son poids, et qu'elle soulage d'autant les barres. Les canons doivent avoir beaucoup de grosseur aux fonceaux, afin qu'ils chargent les lèvres , qui soulageront aussi les autres parties de la bouche. Enfin, il faut qu'il résulte des proportions des parties du mors que l'on ajuste à un cheval, une sensation agréable à sa bouche, qu'il fera connaître en le mâchant.

On peut regarder comme un indice certain que le mors gène le cheval en quelqu'une de ces parties, lorsqu'il secoue la tête ; qu'il s'enlève des pieds de devant, qu'il piaffe avec impatience ; alors il faut, par un second examen de la bouche et du mors, reconnaître et rectifier ce qui excite cette douleur.

On conseille de donner à un cheval qui porte au vent, un mors dont les branches soient *hardies*, c'est-à-dire, longues, et jetées en avant de la ligne de *la commissure des lèvres*; je ne crois pas que ce soit le moyen de lui faire baisser la tête, parce qu'alors l'angle que forment les rênes avec les branches se trouvant tout-à-fait fermé, par la position même de la tête du cheval, et par la direction des branches, l'effet du bras de levier tend plutôt à faire remonter le mors contre les molaires, que de le faire agir sur les barres.

Si, ne sortant pas du principe que les branches, pour être hardies, doivent être longues et jetées en avant, on leur donne cependant une légère courbure d'avant en arrière, à leur extrémité inférieure, on ouvrira l'angle que forment le bras de levier et la puissance, et l'on sait que cette dernière agit d'autant plus activement que cet angle est plus ouvert. Ce serait le moyen, avec une bonne main, de faire baisser le nez au cheval et de lui placer la tête.

Pour le cheval qui s'encapuchonne, il faut des branches courtes et droites, et plus que tout cela, de la légèreté de main; ces chevaux demandent de n'être presque pas tenus. En tout état de cause, c'est toujours dans la sagesse et la position de la main qu'on trouvera les moyens d'obvier le plus sûrement à tous les vices de conformation du corps, comme de la tête et de l'encolure.

J'ai dit qu'il n'entrait pas dans mon plan de faire un traité d'embouchure; ainsi, sans détailler les règles qui doivent guider pour bien emboucher toute sorte de chevaux, eu égard, non-seulement à la conformation de leur bouche, et au système de sensibilité générale de chaque sujet, mais encore à la conformation de leur corps, de l'avant et de l'arrière-main, de l'état d'intégrité ou de souffrance de leurs membres, des reins et des jarrets, etc... Je ne ferai seulement que les indiquer rapidement, en conseillant à ceux à qui ces indications ne suffiraient pas pour fixer leurs idées, d'avoir recours aux différens Traités d'équitation de nos bons auteurs ; aux cours d'hippiatrique *de Bourgelat, Lafosse, Garçault, etc...* Cet aperçu, du-moins, aura eu l'avantage d'appeler l'attention sur un objet aussi important.

J'ai dit qu'il y avait des cas où il n'était guère possible d'obvier aux défauts de la bouche, que par une embouchure méthodique, qu'il était plus difficile de se procurer, depuis qu'un même modèle de mors a été adopté pour toute la cavalerie ; en effet, on doit s'étonner que d'après les progrès et les découvertes que l'on fait journellement dans toute espèce de science, on ait, au contraire, rétrogradé à ce point, dans cette importante partie de la science équestre : avant que l'on sache qu'il pouvait exister des différences daus la conformation de la bouche des chevaux, il était naturel de n'avoir qu'une espèce de mors pour tous. Mais à-présent qu'il est bien reconnu, qu'il est bien prouvé que sur cent on n'en trouvera pas dix qui ayent des rapports à-peu-près exacts dans leurs proportions, tant intérieures qu'extérieures, et que leur moral, comme leur physique, est soumis aux mêmes différences, il doit paraître bien extraordinaire que l'on ait adopté un modèle de mors aussi vicieux.

Je dis vicieux, et je le prouve. Vicieux par la conformation de l'embouchure, dont les canons sont trop chargés de fer, et la liberté de langue trop étroite, par sa forme en demi-cercle ; surtout pour les bouches où l'on trouve les barres rondes et basses, la langue épaisse, ou le canal trop étroit. Vicieux par sa pesanteur, qui seule émousse le peu de sensibilité qu'on rencontre dans ces mêmes bouches, en les comprimant sans douleur, et empêchant ainsi le sang, seule cause de sensibilité, de circuler dans ces parties. Vicieux encore par la conformation contournée de ses branches, leur longueur et leur hardiesse, qui font prendre aux chevaux un point d'appui à la main, parce qu'ils peuvent le faire sans douleur.

Il est encore défectueux en ce que cette barre de fer qui remplace la chaînette à l'extrémité inférieure des branches, les empêche d'agir jusqu'à un certain point, indépendamment l'une de l'autre.

Il n'est pas moins vicieux pour les bouches très-sensibles que pour les bouches très-dures : supposons des barres élevées et tranchantes, la membrane qui les recouvre fine et sensible, une langue petite, ou un *canal* bien ouvert, de sorte que cette dernière soit nulle pour l'appui du mors, et une *barbe* proportionnée à la beauté des autres parties de la bouche ; enfin, mettez un mors du nouveau modèle à ce cheval : son seul poids affectera déjà douloureusement les barres, qui seules en seront chargées, attendu que la liberté de langue suffit, dans ce cas, pour la loger entièrement. Si à cela se joint le défaut des lèvres pendantes et baveuses, quel effet terrible l'action des branches hardies et contournées ne produira-t-elle pas sur ce malheureux animal ?... Il est facile de prévoir les résultats d'une douleur qui s'accroîtra en proportion des efforts, des mouvemens déréglés auxquels se portera le cheval pour s'y soustraire.

Il est certain qu'il y a des chevaux qui s'en trouvent moins incommodés, qu'il y en a même qui s'en trouvent bien embouchés ; mais ce n'est pas une raison suffisante pour admettre exclusivement ce modèle de mors. D'ailleurs, le nombre de ceux pour lesquels son action est nulle, et celui de ceux pour lesquels elle est intolérable, l'emportent l'un et l'autre sur celui de ceux qui s'en trouvent bien. Ce doit, ce me semble, être une raison concluante pour que l'on adopte pour la cavalerie, au-moins trois façons de mors. On s'en trouvait bien dans les régimens, avant le nouveau modèle; et on s'en trouve si bien encore, qu'il n'est pas un officier, pas un homme de cheval, qui ne se serve de préférence d'un ancien mors pour former la bouche à son cheval, et faire de lui ce qu'il ne ferait certainement pas avec un nouveau. Que l'on interroge, d'ailleurs, dans les manèges royaux, les écuyers les plus consommés dans l'art de dresser toute espèce de chevaux, tant pour la guerre que pour le manège; qu'on leur demande de quels mors ils se servent :..... à coup sûr, ils ne diront pas que c'est toujours du même indistincte-ment.

Effets du mors sur la bouche du cheval.

Le mors placé dans la bouche du cheval, d'après les principes qui viennent d'être indiqués, fait, comme je l'ai dit, l'effet de deux leviers susceptibles d'agir de concert, ou indépendamment l'un de l'autre, jusqu'à un certain point. L'effet du mors sur la bouche du cheval est déterminé par la main, et communiqué par les rênes, qui fout, dans ce cas, parties accessoires de la puissance.

Toutes les fois que l'on fait agir les deux rênes également, les extrémités inférieures dés branches sont attirées en arrière, et les supérieures, où se trouve l'œil de la branche, sont portées en avant. Il résulte de ces mouvemens, diamétralement opposés, une compression des barres, par les canons de l'embouchure, relative à la force que le cavalier met dans l'action de la main, et au degré de tension de la gourmette. Quand la douleur qui résulte de cette compression est assez forte pour faire arrêter le cheval, il faut s'en tenir là, et faire cesser l'effet du mors, en cessant l'action de la main.

Quand cet effet est égal par l'une et l'autre branche, le cheval arrête droit ; mais si l'une en fait plus que l'autre, l'animal cède à la pression la plus forte, en portant son avant-main de ce côté.

Pour tourner un cheval à droite, ou à gauche, il suffira donc de ne faire agir que celle des deux branches du mors qui se trouve du côté où l'on veut tourner. Or, il s'agit de ne tirer que sur une seule rêne, et sans déplacer la main, qui doit conserver une position telle, qu'on puisse à volonté faire agir les deux bras de leviers ensemble, ou indépendamment l'un de l'autre.

Cette partie essentielle de l'instruction des cavaliers est le but principal de la quatrième leçon ; et le résultat sera le degré de perfection auquel on les aura amenés. On doit sentir que ce degré de perfection sera toujours proportionné aux soins avec lesquels la leçon leur sera donnée, et au degré d'instruction de l'officier ou sous-officier qui la donne.

Avant que de commencer la leçon, les instructeurs s'assureront que les chevaux sont bridés d'après les principes de l'ordonnance (base de l'instruction, article 7). Il faut, dès-lors, habituer les cavaliers à brider eux-mêmes leurs chevaux, et leur apprendre à le faire par principes, en rectifiant les irrégularités qu'on remarquera.

Les cavaliers, à-peu-près au même nombre que dans la troisième leçon, seront également formés sur deux rangs ouverts à la distance de six pas. On les fera monter à cheval d'après les principes indiqués dans la leçon précédente (n.° 180). On aura la plus grande attention à ce qu'ils ne tirent pas sur les rênes de la bride, parce que l'action du mors ayant un effet bien plus douloureux sur les barres que celui du bridon, les chevaux sont plus susceptibles encore de se câbrer, et de se renverser. Quand les cavaliers seront à cheval, ils les caresseront beaucoup en secouant légèrement, et l'une après l'autre, les rênes de la bride.

On conduira le peloton au manège avec les attentions indiquées dans la leçon précédente; et en y arrivant, on le fera former, également d'après les mêmes principes, en exigeant la même rectitude.

Le peloton formé, on expliquera aux cavaliers dans les plus petits détails, et avec les plus grands soins, la position de la main de la bride. (*Voyez l'ordonnance,* n.º 218, *planche* 52).

Les rênes dans la main gauche, pour laisser à la droite le libre usage des armes, telles que le sabre, un pistolet, etc...

Le petit doigt entre les deux rênes, afin de distinguer l'effet de chacune; le petit doigt sentant la rêne gauche, et le troisième, la rêne droite.

Le pouce fermé sur la seconde jointure du premier doigt, pour les contenir égales : c'est d'abord en plaçant les rênes bien dans le milieu de la main, dont on fermera bien tous les doigts, qu'on parviendra à conserver ses rênes égales; mais le pouce en effet les contient, en les serrant entre lui et le premier doigt.

Le poignet à la hauteur de l'avant-bras, afin de le mouvoir avec facilité, d'avoir également l'espace pour rendre la main, comme pour arrêter et former des demi-temps d'arrêt. Il est des cas où il faut avoir le poignet ou plus bas, ou plus élevé, selon la position de la tête du cheval; mais il faut regarder comme règle générale, d'avoir le poignet placé à hauteur d'avant-bras.

Les doigts en face du corps, parce que de cette manière on sent mieux un effet égal des deux rênes.

Le petit doit plus près du corps que le haut du poignet, parce que dans cette position, le petit doigt fait mieux sentir l'effet et l'appui du mors. C'est en éloignant et rapprochant alternativement le petit doigt du corps, par un léger mouvement de rotation du poignet, et sans que la main se déplace, qu'on *rend la main*, qu'on forme des demi-temps d'arrêt, et qu'on arrête le cheval.

La main élevée à quatre pouces au-dessus du pommeau de la selle, et à six pouces du corps, afin de n'être pas gênée dans ses mouvemens, et que le corps n'en soit pas dérangé, quand on veut arrêter et former des demi-temps d'arrêt ; six pouces de latitude suffisant pour donner au mors tout son effet.

La main droite tombant sur le côté, quand elle n'est pas employée à l'usage des armes.

Elle doit tomber naturellement en arrière de la cuisse droite, et non dessus ; et surtout, l'épaule doit toujours être carrément avec l'autre, que son emploi à la bride ne doit point faire avancer. Cette dernière épaule devra être bien relâchée et tombante ; et on veillera bien à ce que l'usage de la bride ne la fasse se roidir. Le coude tombera naturellement le long du corps, duquel il devra être légèrement détaché, afin que les doigts puissent être en face du corps, et leur racine (c'est-à-dire leur articulation avec le plat de la main), toujours dans la direction de la crinière du cheval.

Après avoir expliqué cette position de la main aux cavaliers, on passera devant eux pour s'assurer si tous l'ont bien conçue, et s'ils s'y conforment; dans le cas contraire, on l'explique de nouveau, et l'instructeur, qui doit être à cheval, joindra l'exemple au détail, en plaçant lui-même sa main correctement, et leur enseignant ainsi mécaniquement la manière de se placer de même, et d'obtenir les différens effets du mors par les mouvemens de la main.

Ajuster les rênes.

On apprendra aux cavaliers à ajuster leurs rênes en deux temps; on commandera :

1 Garde à vous.

2 Ajustez — (*vos*) rênes.

(*Voyez l'ordonnance*, n.º 219). A la première partie du second commandement, qui est *ajustez*, et qui sera prononcé dans toute l'étendue de la voix, et avec une expression énergique, les cavaliers exécuteront le premier temps, tel qu'il est détaillé au n.º ci-dessus, en se grandissant du haut du corps, en élevant la tête et en effaçant bien les épaules, de manière à bien ouvrir la poitrine. Dans ce moment, il faut s'asseoir en écartant les cuisses, en chassant la ceinture en avant et les fesses sous le centre de gravité. Les rênes devront être tournées sur leur plat, et le bouton coulant devra être tout-à-fait à leur extrémité, touchant au bouton fixe.

L'instructeur doit mettre un léger intervalle entre la première et la deuxième partie du commandement, afin de donner le temps aux cavaliers de bien ajuster leurs rênes, et de bien se grandir comme je viens de le dire. A cette seconde partie qui est *rênes*, les cavaliers, après avoir bien fermé les doigts de la main gauche, et l'avoir replacée comme il a été prescrit à la position de la main de la bride, abattront le bout des rênes sans saccade et ensemble, et replaceront la main droite sur le côté.

Tous ces mouvemens de rênes tendant à faire agir le mors, et pouvant par conséquent, faire reculer ou déranger les chevaux à droite ou à gauche, les cavaliers tiendront les jambes près pour les contenir, selon l'un ou l'autre de ces cas.

(*Texte de l'ordonnance, n.º 220*). *Dans les mouvemens de la main, le bras doit agir en entier et librement, sans que l'épaule se roidisse, et sans communiquer de force au corps.*

On se rappellera tout ce que j'ai dit dans la première leçon des mouvemens des bras, du liant et de l'aisance qu'on doit mettre dans leurs articulations, de manière à ce qu'il n'en résulte ni roideur ni ébranlement pour le corps, que rien ne doit déranger de son aplomb. Ici le bras gauche est seul chargé de communiquer au cheval la volonté du cavalier, et le moyen de communication agissant avec plus de force sur la bouche de l'animal où l'on commande, on doit sentir que les mouvemens de la main doivent être le plus lians possible, et proportionnés à la sensibilité des parties qui en reçoivent l'impression. On se rappellera aussi l'influence fâcheuse que peut avoir la roideur du bras sur la position du corps, et on recommandera bien aux cavaliers de l'éviter avec soin.

Le cavalier tiendra les rênes courtes et les doigts bien fermés : il est très-essentiel d'habituer les cavaliers à avoir les rênes courtes ; parce qu'on est toujours assez maître de donner de la liberté au cheval, et qu'en les tenant ainsi, on a les moyens de s'opposer aux déréglemens auxquels ils pourraient se porter ; on est maître de lui ; au lieu qu'en les tenant longues et du bout des doigts, le cheval, en faisant une pointe, les fait échapper de la main, et peut emporter son cavalier et s'en débarrasser aisément. Dans une course rapide encore, un cheval peut trébucher et s'abattre, sans que l'homme qui le monte puisse le soutenir, s'il n'a *les rênes courtes et les doigts bien fermés ;* ou il tirera brusquement les rênes à lui, et avec force, sans produire d'autre effet que de donner une saccade terrible, qui, lorsqu'elle fait relever le cheval, peut aussi le faire renverser ; chute la plus dangereuse pour le cavalier.

Après avoir expliqué de *pied ferme* la position de la main de la bride, la manière d'ajuster et de tenir les rênes, les mouvemens du bras gauche dans leur usage, on fera faire un demi-tour à droite au premier rang; on fera placer les conducteurs de reprises au centre du rang qu'ils doivent conduire, et on fera rompre par la droite ou par la gauche, comme à la troisième leçon, pour marcher à main gauche ou à main droite, avec l'attention d'expliquer avant la manière de rassembler son cheval, et de marcher, ainsi qu'il suit; on commandera :

1 Garde à vous.

2 Par un (*ou* par la gauche par un).

3 Marche.

(N.º 221 *du texte de l'ordonnance*). Au commandement *par un*, (ou *par la gauche par un*), tous les cavaliers rassembleront leurs chevaux, en se grandissant du haut du corps, tenant les jambes près sans les fermer, et en assurant la main, de manière à faire aussi grandir le cheval.

Au commandement *marche*, baisser un peu la main, le poignet toujours soutenu, et fermer les deux jambes plus ou moins, suivant la sensibilité du cheval. Le cheval ayant obéi, replacer la main, et tenir les jambes près pour l'entretenir dans l'allure, sans la lui faire augmenter. Les conducteurs de reprises et les autres cavaliers, soit que l'on rompe par la droite ou par la gauche, se conformeront à ce qui est prescrit à ce sujet dans la troisième leçon.

Les cavaliers marchant sur les grands côtés, on leur expliquera comment on forme un demi-temps d'arrêt en arrivant dans les coins ; comment on tourne à droite et à gauche pour passer ces mêmes coins, ainsi qu'il est dit aux N.os 223, 227 et 228 de l'ordonnance (4.me leçon). On se rappellera que, dans le demi-temps d'arrêt, le cheval doit seulement se grandir, sans ralentir sensiblement son allure, et que l'effet des jambes est subordonné à celui de la main.

Pour passer un coin à droite ou à gauche, il faudra se souvenir que le cheval obéissant à la pression que l'on produit sur ses barres, il ne faut faire agir que la rêne du côté où l'on veut tourner ; que pour cela, il faut par un léger mouvement de la main, la raccourcir un peu, de manière à n'opérer la pression que sur la barre du même côté : pour tourner à droite, il faut porter la main un peu en avant, *en la soutenant à droite,* tourner un peu le poignet en-dessous, en le ramenant vers le corps, de manière à sentir la rêne droite avec le troisième doigt ; *aussitôt l'épaule du cheval déterminée, fermer la jambe droite, et avoir la main légère proportionnellement au mouvement du cheval,* c'est-à-dire, au degré de vîtesse de son allure. Aussitôt que le cheval a passé le coin, il faut faire cesser graduellement l'effet de la rêne droite, et replacer la main droit devant soi.

Pour tourner à gauche, il faut porter la main un peu en avant, *en la soutenant à gauche*, tourner le poignet de dessous en dessus, les ongles en l'air, de manière à sentir la rêne gauche avec la racine du petit doigt, près de la paume de la main; *détacher un peu le coude du corps, et fermer la jambe gauche* quand l'épaule est déterminée; le mouvement presque fini, faire cesser par gradations l'effet de la rêne gauche, et replacer le poignet dans sa position habituelle.

Après avoir fait quelques tours de manège, on commandera :

1 Garde à vous.
2 Colonne.
3 Halte.

(N.º 224 *du texte de l'ordonnance*). Au commandement *colonne*, rassembler son cheval.

Au commandement HALTE, *s'asseoir, se grandir du haut du corps, élever en-même-temps la main par degrés, en rapprochant le petit doigt du corps, les jambes près ; dès que le cheval aura obéi, relâcher les jambes et baisser un peu la main en* la replaçant.

Quand les cavaliers seront arrêtés, ils replaceront leurs chevaux droit, et reprendront leurs distances, dans le cas où elles se seraient perdues dans l'arrêt; alors on fera ajuster les rênes, en exigeant toute la correction possible; ensuite, l'instructeur passera successivement ses cavaliers en revue, pour rectifier la position de la main de la bride, et prévenir les mauvaises habitudes.

Après cela, pour apprendre aux cavaliers à reculer leurs chevaux, il commandera, ainsi en file :

1 Garde à vous.

2 Cavaliers en arrière.

3 Marche.

(N.º 225 *du texte*). *Mêmes principes que pour arrêter,* avec la différence qu'aussitôt que le cheval a fait un pas en arrière, il faut baisser un peu la main, l'élever ensuite, et la baisser alternativement jusqu'au commandement *halte*, auquel il faudra la baisser un peu, en approchant les jambes pour faire cesser le mouvement rétrograde. Le cheval étant arrêté, rendre la main et relâcher les jambes. (*Voyez l'ordonnance, n.º* 226).

On remettra les cavaliers en mouvement par les commandemens :

1 Garde à vous.

2 Colonne en avant.

3 Marche.

Alors, on leur apprendra à prendre le filet de la main droite, pour entremêler son effet à celui de la bride, afin de rafraîchir les barres aux chevaux, en rendant un peu la main gauche. Cette leçon a encore pour objet de faire distinguer l'effet de l'un et de l'autre, et d'habituer les cavaliers à avoir la main légère; on commandera :

1　Garde à vous.

2　Prenez le filet — dans la main droite.

(*Voyez l'ordonnance, n.º 231*). On ne doit jamais se servir du filet et de la bride en-même-temps, parce que leurs effets sont diamétralement opposés; celui du filet tendant à faire relever la tête au cheval, et celui de la bride à la lui faire baisser; il faudra ne pas laisser long-temps les cavaliers se servir du filet, pour qu'ils n'en contractent pas une habitude, qui se change bientôt en besoin; il faut, au contraire, les habituer à ne conduire leurs chevaux qu'avec la main gauche, afin que la droite soit libre pour l'usage des armes. On en permettra cependant un usage un peu plus fréquent aux cavaliers qui montent des chevaux neufs, qui ne seraient pas encore bien confirmés dans la connaissance de la bride, encore ne sera-ce *que dans les instructions particulières.*

17 *

Pour faire lâcher le filet, on commandera :

1 Garde à vous.
2 Lâchez le filet.

(*Voyez l'ordonnance, n.º 233*). Il faut d'abord former un demi-temps d'arrêt avec le filet, puis avec la bride; ensuite replacer la main gauche, lâcher le filet de la droite en la replaçant sur le côté.

Pour faire prendre le filet dans la main gauche, on commandera :

1 Garde à vous.
2 Prenez le filet — dans la main gauche.

(*Voyez l'ordonnance, n.º 234.*) Il faut d'abord former un demi-temps d'arrêt pour mettre le cheval d'à-plomb, et pour qu'il n'augmente pas l'allure quand on baisse la main gauche pour prendre le filet, *avec les deux premiers doigts en le ramenant à soi.* On entr'ouvre *le petit doigt et le troisième, pour donner de la liberté au cheval,* parce que, comme je l'ai dit, ce sont ces deux doigts qui sentent l'effet des deux rênes de la bride. On éloigne aussi un peu le petit doigt du corps, pour faire cesser l'appui du mors.

Pour faire reprendre la position de la main

de la bride, et lâcher le filet, on commandera également :

1 Garde à vous.
2 Lâchez le filet.

(*Voyez l'ordonnance, n.º* 235). On forme également un demi-temps d'arrêt avec le filet, avant que de l'abandonner, pour que le cheval ne soit pas surpris par l'effet de la bride; ensuite *on replace la main gauche et on ajuste ses rênes* de soi-même. Les instructeurs veilleront à ce que toutes les fois que les cavaliers ajustent leurs rênes d'eux-mêmes, ils le fassent d'après les principes, et non en les tirant sur le côté. En ne négligeant pas cette attention dans toute chose, on finira par leur faire contracter de bonnes habitudes.

(Texte de l'ordonnance, n.° 236). *Il est essentiel, dans la leçon de pied ferme, de bien expliquer aux cavaliers les termes dont on se sert, afin que, quand on les emploiera, ils les conçoivent, et portent toute leur attention à bien exécuter.*

Avant que d'avoir mis les cavaliers en mouvement, on aura dû leur expliquer ce que l'on entend par *rendre la main, former un arrêt* et *un demi-temps d'arrêt; tourner le poignet en dehors, en dedans; porter la main à droite, porter la main à gauche; soutenir la main à droite, soutenir la main à gauche,* et enfin, tous les termes consacrés par l'usage que l'on employe en cavalerie.

(Texte de l'ordonnance). La reprise sera la même que celle de la leçon précédente. Les instructeurs veilleront à ce que l'allure soit bien égale, à ce que les mouvemens des cavaliers soient lians, à ce qu'ils conservent la position indiquée, à ce que la main de la bride soit parfaitement placée, et à ce qu'ils agissent du bras seul, sans communiquer de roideur ni à l'épaule ni au corps.

On suivra, pour le travail de la quatrième leçon, la progression établie pour le travail de la troisième ; en se contentant de faire des changemens de main dans la longueur et dans la largeur, jusqu'à ce que la position de la main de la bride soit assurée et correcte, et qu'elle n'influe pas sur la position du corps et les mouvemens des cavaliers, qui devront se fortifier et prendre de plus en plus de l'aisance à cheval, à mesure qu'ils avanceront.

On fera passer souvent du pas au trot, et du trot au pas ; ayant attention dans les commencemens, de faire prendre le filet dans la main droite, puis après dans la main gauche, et de ne faire d'abord que de courtes reprises ; puis, graduellement, et à mesure que les cavaliers prendront l'habitude de la bride, et qu'ils auront la main légère, on fera exécuter des changemens de direction obliques, et les à-droite et les à-gauche par cavalier, au pas et au trot, et sans tenir le filet. On s'occupera

de donner beaucoup de franchise aux allures.

Que l'on n'oublie pas, surtout, que c'est
dans cette leçon que les cavaliers doivent se
former la main et finir leur position, et que
la manière dont elle leur sera donnée, déterminera leur instruction. C'est ici que les instructeurs doivent employer tous leurs moyens,
pour perfectionner autant que possible la position du corps, celle de la main, rendre les
mouvemens lians et libres, enfin donner à
toute l'habitude du corps, l'air naturel et
aisé que j'ai dit être le principe de la
grâce.

Quand on aura amené l'instruction à ce
point, on donnera aux cavaliers les principes
pour faire appuyer à droite et à gauche. Pour
cela, on fera faire un à-droite ou un à-gauche par cavalier, sur les grands côtés ; et
lorsqu'ils auront passé dans les intervalles les
uns des autres, qu'ils seront près d'arriver au
mur, ou à la piste, on commandera, *halte*.
A ce commandement, les cavaliers arrêteront
la tête au mur, ou à la piste, et mettront leurs
chevaux bien perpendiculaires au grand côté
en face duquel ils se trouvent. L'instructeur
alors commandera :

1 Garde à vous.
2 Appuyez à droite.
3 Marche.

(N.º 229 *du texte de l'ordonnance*). Au commandement *appuyez à droite*, les cavaliers détermineront les épaules de leurs chevaux à droite, en sentant un peu l'effet de la rêne droite, comme il a été expliqué, et en fermant *un peu* la jambe du même côté.

Au commandement *marche*, porter et *soutenir la main en avant et à droite* pour faire marcher les épaules, et *fermer la jambe gauche pour faire suivre les hanches*. La jambe droite doit être près du cheval, pour l'empêcher de se jeter sur son voisin du côté vers lequel on appuye, et pour que les intervalles soient ainsi conservés; car les cavaliers ne doivent pas se serrer, mais marcher ainsi de côté tous à-la-fois, sans se rapprocher.

Pour faire arrêter, on commandera, *halte*, en prolongeant beaucoup le commandement, afin que les cavaliers puissent redresser leurs chevaux en arrêtant, et regagner leurs intervalles s'ils les avaient perdus.

On fera reprendre le terrain parcouru par les commandemens :

1 Garde à vous.

2 Appuyez à gauche.

3 Marche.

(N.º 230 *du texte de l'ordonnance*). Ce qui s'exécutera d'après les mêmes principes, avec les mêmes attentions que pour appuyer

à droite, et en se servant des moyens contraires. Pour arrêter, on fera le même commandement que pour arrêter en appuyant
à droite, et aussi avec les mêmes attentions.

Il faudra, à cette leçon, exercer beaucoup
les cavaliers à ces mouvemens, qui donnent
de la finesse dans l'usage des aides. Il est d'ailleurs nécessaire que des chevaux de troupe
puissent exécuter toute sorte de mouvemens,
et que, sans être dressés avec autant de soins
que les chevaux d'officiers, ils ayent cependant assez de connaissance des aides, pour
s'élancer promptement en avant, s'arrêter de
même, et tourner à droite et à gauche avec
rapidité et sûreté; reculer, et appuyer à
droite et à gauche facilement, parce qu'il est
peu de manœuvres où l'on ne soit obligé de
faire exécuter souvent à son cheval, l'un ou
l'autre de ces mouvemens; par rapport au
terrain, aux fautes commises, aux rectifications, et aux accidens du sol, ou à ceux qui
peuvent arriver dans l'ensemble, etc., etc....
D'ailleurs, on sait que l'honneur et la vie de
l'homme de guerre dépendent souvent de la
sagesse de son cheval, et que ses fautes rendent inutiles, et quelques fois funestes, les efforts de son courage. C'est pourquoi on ne
sauroit trop s'attacher à les bien dresser; et
c'est, je le répète, dans cette leçon qu'il faut
s'en occuper avec le plus de persévérance,
en-même-temps que de la position des cava-

liers, et de leurs progrès en équitation; car il ne s'agit pas seulement d'être bien placé à cheval, il faut encore obtenir de sa monture toutes les évolutions, tous les mouvemens que les circonstances et les vicissitudes de la guerre peuvent nécessiter. Ces considérations commentées et développées, feraient la matière d'un traité général de l'éducation de l'homme et du cheval de guerre.

Pour remettre les cavaliers en file sur les grands côtés, on commandera, *par cavalier à droite,* ou *à gauche, marche,* selon qu'on marchait précédemment à main droite ou à main gauche; et le mouvement presque fini, on commandera *en avant,* pour les remettre en mouvement sur la piste.

On continuera toute la reprise de la troisième leçon, jusqu'aux principes d'alignement, exclusivement, comme première partie de la quatrième, en suivant une progression proportionnée au degré d'instruction que prendront chaque jour les cavaliers. Il ne faudra pas oublier surtout, de faire gagner la queue de la reprise; et lorsque la position de la main commencera à être assurée et légère, on fera alonger au grand trot, et faire même quelques tours au galop, à chaque reprise; ayant cependant attention de faire prendre, pour les premières fois, le filet dans la main droite.

Il est bien entendu qu'on ne donnera cette instruction que lorsque les cavaliers ne lais-

seront plus rien, ou peu de choses à désirer.

SECONDE PARTIE.

(Texte de l'ordonnance, n.º 237). *Quand
la position de la main commencera à être
assurée, et que les cavaliers travailleront avec
aisance, on les fera marcher par deux et par
quatre, et on les fera dédoubler souvent.*

J'ai laissé les cavaliers sur les grands côtés
du manège, les deux rangs ayant rompu séparément, comme dans la troisième leçon :
quand on voudra leur donner les principes
de doublemens et de dédoublemens sur deux
rangs, on fera former les rangs l'un derrière
l'autre, aux commandemens *front* et *halte*,
tournant le dos à l'un des petits côtés, comme
il a été expliqué à la troisième leçon ; ou les
fera alligner et compter par quatre, dans chaque rang, de la droite à la gauche, et on leur
recommandera de ne pas oublier leurs numéros ni leur rang ; ensuite on les fera rompre
par un, comme il est dit au commencement
de la troisième leçon, les cavaliers du second
rang suivant immédiatement leurs chefs de
file.

Doubler.

Les cavaliers ayant ainsi rompu par un,
continueront de suivre la piste sur une seule

file ; pendant ce temps, on leur détaillera la manière de doubler par deux, avec le plus grand soin, surtout à ceux du second rang ; ensuite on commandera :

1 Garde à vous.

2 Marchez deux.

3 Marche.

Si quelques cavaliers se trompent dans l'exécution, il faudra faire rompre par un , et recommencer le mouvement, après avoir mis toute son attention à le bien faire concevoir, de manière à ce qu'ils ne se trompent plus. Alors on fera doubler par quatre. Après avoir donné le détail, on commandera :

1 Garde à vous.

2 Marchez quatre.

3 Marche.

On ne passera d'un doublement à l'autre, que lorsque celui que l'on fait exécuter aura eu une exécution satisfaisante. Dans le cas contraire, on fera toujours recommencer.

Après avoir fait doubler par quatre, on fera former le peloton, autant que possible sans arrêter, afin que chaque fraction de quatre arrive au trot à la hauteur des autres, sauf à faire arrêter le peloton après l'avoir formé, et rompre ensuite par quatre, de pied ferme.

Pour la formation du peloton , on commandera :

   1 Garde à vous.
   2 Formez le peloton.
   3 Marche.

Ce qui s'exécutera comme il a été détaillé à la fin de la troisième leçon.

Dédoubler.

Que le peloton soit en mouvement ou de pied ferme, on expliquera la manière de rompre par quatre en marchant ; et dans le dernier cas, après avoir donné cette explication , on mettrait le peloton en mouvement, et on commanderait ensuite :

   1 Garde à vous.
   2 Par quatre.
   3 Marche.

Et successivement on fera rompre par deux, puis par un, en exigeant une grande rectitude dans ces mouvemens. Il faut dédoubler tous sur le même point, et ralentir sans jamais arrêter. Les files qui dédoublent les premières, doivent marcher à une allure franche, pour se dégager promptement du rang. Les cavaliers du premier rang des fractions de gauche laisseront bien passer ceux du second rang des fractions de droite, et ceux-ci devront bien suivre leurs chefs de file. *Et vice versâ* pour dédoubler par la gauche.

On répétera ces mouvemens jusqu'à ce que les cavaliers les exécutent bien. C'est dans cette leçon qu'il faut les confirmer dans cette partie essentielle de l'instruction. Il faudra cependant veiller à ce que la position du corps et de la main n'en soient pas dérangés, à ce qu'ils ne saccadent pas leurs chevaux, et à ce qu'ils ne se servent jamais de l'éperon, qu'en cas de désobéissance, chose très-rare dans ces mouvemens.

Quand les cavaliers seront affermis dans les doublemens et les dédoublemens au pas, on les fera dédoubler successivement par quatre, par deux, puis par un, au trot ; ayant attention de faire passer au pas, après avoir fait à-peu-près un tour de manège après chaque dédoublement. Pour cela on commandera :

1 Garde à vous.

2 Par quatre (par deux *ou* par un)
  au trot.

3 Marche.

Au commandement *par quatre (par deux ou par un) au trot*, tous les cavaliers rassembleront leurs chevaux, et les premières files désignées par le commandement préparatoire, se prépareront à prendre le trot.

Au commandement *marche*, les quatre (ou deux, ou la) premières files se porteront droit devant elles, au trot; toutes les autres continueront de marcher droit devant elles, au pas; et lorsqu'elles seront déboîtées successivement, elles entreront en colonne, au trot, par un quart d'à-droite.

Il faut beaucoup de calme pour bien exécuter ces mouvemens à cette allure; les premières files qui rompent doivent bien éviter de s'abandonner à un mouvement trop vif; et les autres doivent bien contenir leurs chevaux, les calmer par des demi-temps d'arrêt, afin qu'ils ne prennent le trot que quand il sera temps, c'est-à-dire, quand celles qui les précèdent les auront déboîtées. Il faudra beaucoup exercer les cavaliers à rompre au trot; parce que ces mouvemens sont de la plus grande importance, et pour ainsi dire la base de tous les autres: toutes les formations, toutes les manœuvres n'étant que des emboîtemens et des déboîtemens, ou simultanés ou successifs.

Pour doubler et dédoubler par la gauche, on se conformera aux mêmes principes, en employant les moyens contraires, et faisant les explications dans le sens inverse, telles qu'elles se trouvent à la seconde leçon, en y ajoutant l'attention que doivent avoir les cavaliers du second rang.

Le peloton se trouvant formé, on l'arrêtera, on l'alignera, et on apprendra aux cavaliers à se former sur un rang, par un déployement par file du second rang sur le premier. On commandera :

1   Garde à vous.

2   A gauche — sur un rang.

3   Marche.

(*Voyez l'ordonnance, n.° 239, planche 53*). Ce mouvement n'est susceptible d'aucun autre développement que celui que donne l'ordonnance ; seulement, je recommande aux instructeurs de faire leurs commandemens bien à-propos, surtout celui de *front*, pour que le cavalier de droite du second rang puisse arriver à la botte du cavalier de gauche du premier, sans s'éloigner de son voisin de gauche, et pour que tout le second rang ne soit pas obligé d'appuyer à droite pour s'aligner.

Le peloton se trouvant ainsi sur un seul rang, et aligné, on le fera reformer sur deux, en faisant porter le premier rang quatre pas en avant, pour que le second puisse se replier également par file, derrière lui. On commandera :

1   Garde à vous.

2   A droite — sur deux rangs.

3   Marche.

(*Voyez l'ordonnance, n.° 238, planche 53*).

Le commandement *à droite sur deux rangs*, devenant commandement d'exécution par rapport au mouvement du premier rang, la seconde partie *(sur deux rangs)*, devra en être prononcée vivement et dans toute l'étendue de la voix, en appuyant ferme sur le mot *rang*, qui, dans ce cas, remplace le commandement MARCHE.

Ces mouvemens étant très-simples, et faciles à concevoir, on n'y exercera les cavaliers qu'une fois ou deux chaque reprise, et on y employera le moment de repos qui doit toujours suivre le travail sur le carré.

L'ordre des numéros se trouve encore infirmé dans plusieurs endroits de cette leçon; mais je n'ai pu m'en dispenser, pour donner au travail la progression qu'il doit avoir naturellement.

*Principes d'*ALIGNEMENT *sur deux rangs.*

(Voyez l'ordonnance, n.º 240*).* Lorsque les cavaliers sauront bien se former sur un rang, et se reformer sur deux, *on les exercera aux principes d'alignement comme dans la leçon précédente* (N.º 211).

On fera porter les trois files de droite six pas en avant; et après les avoir alignées correctement, on commandera:

1 Garde à vous.

2 Par file—à droite—alignement.

A la dernière partie du deuxième commandement, qui est *alignement, chaque file se portera successivement en avant, sans à-coup,* et s'alignera d'après les principes précédemment indiqués. Les cavaliers du second rang, outre l'alignement de leur rang, observeront d'être à deux pieds de distance de la croupe des chevaux de leurs chefs de file, et exactement dans la même direction qu'eux. Tous les cavaliers conserveront la tête à droite, jusqu'au commandement *fixe.*

On fera aligner par la gauche d'après les mêmes principes; et ensuite on donnera aux bâses d'alignement des directions obliques. On pourra même commencer dès-lors à les exercer aux alignemens à files ouvertes, et aux alignemens en arrière.

Il faut se rappeler ici tout ce qui a été dit sur les alignemens dans la troisième leçon, de l'influence que ces premiers principes auront sur les alignemens des escadrons; du calme qu'ils exigent, et des attentions que l'on doit avoir pour éviter le désordre. On doit habituer les cavaliers à s'aligner promptement et correctement. Un commandement *fixe,* prononcé énergiquement et à-propos, empêche presque toujours le désordre qui arriverait si on laissait trop long-temps les têtes tournées.

Après avoir donné les principes d'alignement sur deux rangs, on donnera les principes de conversions.

Des conversions sur deux rangs.

Le peloton formé sur deux rangs étant de pied ferme, on expliquera aux cavaliers les principes de conversions, tels qu'ils sont détaillés à la troisième leçon, en y ajoutant aussi l'attention que doivent avoir les cavaliers du second rang. (*Voyez l'ordonnance, n.º 241, planche 54*). Ensuite on fera ouvrir les files à un pas d'intervalle, et on commandera :

1 Garde à vous.

2 Peloton en cercle à droite (*ou à* gauche).

3 Marche.

Au commandement *marche*, tous les cavaliers se mettront en mouvement, en mesurant de l'œil l'étendue du cercle qu'ils ont à parcourir. Ceux du second rang porteront la main du côté de l'aile marchante, et prendront pour chef de file le deuxième cavalier qui se trouve en dehors de la direction de celui qui doit l'être dans l'ordre direct, et se conformeront à tous ses mouvemens, en conservant toujours leurs distances de deux pieds, de tête à croupe. L'aile marchante du second rang se trouvera ainsi de deux cavaliers en dehors de l'aile marchante du premier rang. Le pivot du second rang sera mobile, et aura le même cercle à parcourir que le troisième cavalier du premier rang, du côté du pivot.

A mesure que les cavaliers acquerront du calme dans ce travail, on exigera plus de régularité; et on fera serrer les files insensiblement, avec la progression établie. Alors on fera passer au trot, puis au pas; enfin, ouvrir et serrer les files en marchant à ces deux allures, et changer le côté de la conversion sans arrêter. Mais ce ne sera que lorsque les cavaliers auront acquis assez d'habitude de ces mouvemens pour ne plus craindre le désordre.

(Texte de l'ordonnance, n.º 242). Avant de mettre pied à terre, et afin d'habituer les chevaux à quitter le rang facilement, on les fera sortir du rang les uns après les autres.

On ne doit jamais omettre de se conformer à ce que prescrit l'ordonnance à cet égard. On retrouvera ce principe partout. Qu'on se rappèle toutes les conséquences qui peuvent résulter d'une négligence qui rend la plupart des chevaux rétifs, et les cavaliers inhabiles à les gouverner hors du rang. On sait qu'il est mille circonstances où, à la guerre, on peut se trouver seul de sa troupe; et si le cheval n'est pas habitué à marcher seul, qu'il se jette dans la première troupe qu'il rencontrera, ennemie ou non, de quelle utilité seront-ils l'un et l'autre?...... Par cette négligence condamnable, on pert souvent un bon soldat, et un cheval auquel il ne manquait, pour être bon aussi, que d'avoir été b en dressé. Combien n'a-t-on pas vu de cavaliers ne devenir braves jusqu'à la témérité, que par la confiance que leur donnait la franchise de leurs chevaux ?.... Et combien aussi sont devenus timides jusqu'a la poltronerie, par ce manque de confiance !..

Les instructeurs devront s'attacher avec persévérance à corriger les chevaux qui feraient des difficultés pour sortir du rang, et répéter cet exercice jusqu'à ce qu'il ne s'en trouve plus aucun dans ce cas.

On fera ensuite reformer le peloton, et rompre par deux ou par quatre, pour retourner au quartier. Pendant le trajet, les cavaliers rendront la main de la bride, et conduiront leurs chevaux avec le filet. Ils secoueront de temps en temps les rênes, pour leur faire goûter le mors.

En arrivant, on fera former le peloton et mettre pied à terre, toujours avec détail ; ensuite on fera défiler, et rentrer les chevaux à l'écurie.

On ne fera passer les cavaliers à la cinquième leçon, que lorsqu'ils seront parfaitement instruits dans tous les détails de la quatrième ; quand les positions du corps et de la main seront assurées, de manière à n'employer ni force ni roideur, tant pour se tenir à cheval que pour conduire leurs chevaux.

FIN DE LA QUATRIÈME LEÇON.

CINQUIÈME LEÇON.

La cinquième leçon a pour objet d'habituer les cavaliers à travailler avec ensemble et de front, et de les préparer par degrés au travail de l'escadron. C'est le résultat du travail des quatre leçons précédentes ; il sera plus ou moins satisfaisant, selon que les cavaliers auront été instruits avec plus ou moins de soins, et selon le temps qu'on y aura employé. Dans cette leçon, les cavaliers devant recevoir les premiers principes de la marche directe et des conversions à pivot mouvant, ils ne devront y être admis que lorsque leur position aura acquis le degré de solidité et d'aisance nécessaire pour ne plus s'étonner des mouvemens irréguliers auxquels se portent souvent les chevaux quand ils sont réunis en troupe ; et quand la position de la main sera bien correcte, et qu'ils auront le tact et la douceur convenable dans l'usage de la bride, pour calmer les chevaux que le bruit des armes excite, et que la pression des jambes, toujours plus forte en troupe, rend très-différens de ce qu'ils sont en files.

On pourra réunir, pour le travail de la cinquième leçon, un peloton composé de douze, jusqu'à seize files; et même, quand on aura beaucoup de cavaliers à instruire, et peu d'instructeurs capables de bien donner cette leçon, on pourra augmenter ce nombre, en ayant attention que les rangs de quatre soient complets, autant que faire se pourra.

On fera monter à cheval comme première classe, c'est-à-dire, qu'au commandement *préparez-vous pour monter à cheval*, les cavaliers exécuteront de suite tous les mouvemens sans s'arrêter sur aucun, mais en passant exactement par tous, et leur donnant une exécution correcte. Il faudra bien leur expliquer cela, et faire recommencer, tant qu'on ne sera pas arrivé à un résultat satisfaisant.

Les cavaliers ayant le pied à l'étrier, on commandera : *à cheval.* Ce qui s'exécutera toujours à la première et à la seconde partie du commandement. Ici, on commencera déjà à recueillir le fruit de la patience que l'on aura mise à corriger les chevaux qui faisaient des difficultés pour se laisser monter, si en effet on y a mis toute celle que je recommande dans la seconde et la troisième leçon.

Avant que de faire travailler les cavaliers avec leurs armes, il sera bon de les exercer quelques jours encore sans les avoir; ils apprendront d'abord à conduire ainsi leurs chevaux par quatre, et à les calmer par de fréquens demi-arrêts. Ils prendront une idée du travail, sans être trop gênés et distraits par

le soin de contenir les chevaux, que le bruit
et le froissement des armes animent toujours
beaucoup. Ensuite on fera prendre le sabre
seulement ; et à mesure que les cavaliers et
les chevaux s'y habitueront, on fera prendre
toutes les armes, et couvrir les selles de la
schabraque. On se trouvera toujours bien de
suivre cette gradation, en ce qu'elle habitue
progressivement les hommes et les chevaux à
marcher liés ensemble, sans les étonner par
un changement subit de travail, qui en présente les difficultés toutes à-la fois.

' (Texte de l'ordonnance, n.º 243). *Le
peloton, avant de commencer la reprise,
sera formé sur deux rangs, et on travaillera
par quatre.*

On fera rompre par quatre pour se rendre
au lieu du travail, comme dans les troisième
et quatrième leçons, avec les mêmes attentions, et en exigeant encore plus de régularité. En y arrivant, on fera former le peloton
à-peu-près au milieu du carré qui aura été
tracé. Ce carré devra avoir les plus grandes
dimensions, et surtout beaucoup de largeur,
pour que les mouvemens directs ne soient
pas réduits en mouvemens circulaires ; l'instructeur étant à cheval, et suivant sa troupe,
ayant toujours, par ce moyen, la facilité de
s'en faire entendre.

Autant que possible, ce sera toujours dans
la carrière qu'on donnera cette leçon, afin
d'avoir la faculté de donner beaucoup d'éten-

due au carré sur lequel on exerce les cavaliers, tant pour la conservation des chevaux que pour l'ensemble et la facilité du travail, et la possibilité d'unir et de décider les allures, et leur donner la franchise qu'elles doivent avoir à l'escadron.

L'instructeur désignera parmi les sous-officiers ou brigadiers qui lui sont adjoints, un conducteur de reprise intelligent et instruit, qui se placera au centre du peloton, avant que de rompre. Il devra aussi, dans les commencemens, placer les cavaliers les plus adroits, les plus maîtres de leurs chevaux, au premier rang de quatre. Cette attention devra s'étendre sur tous ceux qui sont guides de leur rang de quatre, principalement celui du premier, qui est le guide de la colonne.

On rompra un jour par la droite, pour marcher à main gauche, et l'autre jour par la gauche, pour marcher à main droite, alternativement.

On commandera :

1 Garde à vous.

2 Par quatre (*ou* par la gauche par quatre).

3 Marche.

Au commandement *par quatre* (ou *par la gauche par quatre*), tous les cavaliers rassembleront leurs chevaux, et le conducteur de reprise se placera en avant des quatre premières files, la croupe de son cheval à deux pieds de distance de la tête des chevaux du premier rang ; il observera d'être toujours bien au milieu de ces quatre premières files.

Au commandement *marche*, le mouvement s'exécutera comme il est prescrit à la troisième leçon, n.º 181, en exigeant toujours plus de rectitude à mesure qu'on avancera.

Principes de la marche directe.

(Voyez l'ordonnance, n.º 244).

Aussitôt que l'on aura rompu par quatre, que tous les cavaliers seront en colonne, l'instructeur détaillera les principes de la marche directe, tels qu'ils sont dans l'ordonnance, en y ajoutant les observations qu'il croira nécessaires pour se faire mieux concevoir ; et en ne se servant, surtout, que d'expressions à la portée des hommes qu'il instruit. Il leur recommandera de ne point se serrer dans ces commencemens, de sorte que les files soient aisées. Chaque rang de quatre devra garder scrupuleusement sa distance de deux pieds de tête à croupe ; et pour l'obtenir, c'est sur les guides de chaque rang de quatre que l'attention des instructeurs doit porter particulièrement. Ils devront être continuellement *dans la même direction que leurs chefs de file*, regarder devant eux, afin de se conformer au mouvement, au degré de vîtesse que prendra le guide de la colonne, pour que, dans le cas où il viendrait à augmenter ou à ralentir son allure, ils l'augmentent ou la ralentissent de même, et que les distances ne se perdent pas. Les cavaliers de chaque rang de quatre en s'alignant sur leurs guides, devront aussi être dans la direction de leurs chefs de file.

Le conducteur de la reprise marchera une allure réglée et soutenue, pour éviter que la queue de la colonne soit obligée de doubler la sienne. Il évitera avec soin les à-coups, et aura la plus grande attention de se maintenir toujours au centre du premier rang de quatre.

On exigera le plus grand silence et la plus parfaite immobilité ; que la position des cavaliers soit bien correcte, la tête haute, directe, et le regard assuré.

Principes de conversions à pivot mouvant.

(*Voyez l'ordonnance, n.º* 245).
Lorsque la tête de la colonne sera près d'arriver à un coin du manège (ou carré, le conducteur de reprise commandera :

Tournez—(*à*)—gauche (*ou* droite).
Et le coin passé :

En — avant.

19*

La première partie du commandement (*tournez*) doit être prononcée au-moins quatre pas avant que d'arriver sur le point où la conversion doit commencer, et où doit être prononcée la seconde (*droite* ou *gauche*). *Le pivot tournera à la même allure, et décrira un arc de cercle de cinq pas,* c'est-à-dire, une ligne courbe de quinze pieds. C'est pour cette raison qu'il est nécessaire de mettre un cavalier intelligent à la droite et à la gauche du premier rang de quatre, pour qu'ils tournent correctement, et qu'ils servent ainsi de règle aux autres pivots, qui doivent tous tourner sur le même arc de cercle que le premier. Les pivots ont presque tous le défaut de tourner trop court, ce qui oblige l'aile marchante à doubler son allure, pour ne pas rester en arrière. Il faut y veiller avec le plus grand soin, et leur tracer l'arc de cercle qu'ils doivent parcourir, afin qu'il leur serve de règle pour les commencemens, et qu'ils s'habituent ainsi à juger et à mesurer de l'œil l'étendue des différens arcs de cercle qu'ils se trouveront à même de parcourir, par la suite, dans toute espèce de conversions.

Les ailes marchantes ont aussi une très-grande propension à doubler leur allure sans nécessité : il faudra encore s'occuper de prévenir ce défaut, en recommandant aux cavaliers qui s'y trouvent, de baisser légèrement la main, sans rassembler leurs chevaux, et d'augmenter insensiblement la pression des jambes, assez pour leur faire allonger l'allure sans la doubler. Il est à remarquer qu'un demi-temps d'arrêt, marqué avant que de baisser un peu la main et de fermer un peu les jambes, ferait prendre le trot à un cheval qui serait au pas, au-lieu de lui faire allonger celui-ci; et par suite, étant au trot, il lui ferait prendre la galop. Sans doute, cela n'arrive pas toujours; mais on peut admettre ce principe comme règle générale, en troupe, surtout, où les chevaux sont *en l'air*, et excités les uns par l'ardeur des autres.

Les deux cavaliers de chaque rang de quatre qui se trouvent entre le pivot et le cavalier de l'aile marchante, augmenteront leur allure dans une progression proportionnée au mouvement de ce dernier, qu'ils devront voir venir, en tournant la tête de son côté.

Le conducteur de la reprise aura bien attention de tourner lui-même, de manière à être toujours au centre du premier rang de quatre, et à ne pas l'embarrasser dans sa conversion. Ces attentions ne doivent pas lui faire perdre de vue l'à-propos et la précision qu'il doit mettre dans son commandement *en avant*, dont la première partie (*en*) devra être prononcée aux trois quarts de la conversion; et la seconde (*avant*), précisément à l'instant où elle finit. Aussitôt cette seconde partie prononcée, les cavaliers qui ont augmenté l'allure, reprendront le même degré de vîtesse que le pivot, et replaceront la tête directe, en se portant droit devant eux, jusqu'à un autre coin, où le conducteur de la reprise fera les mêmes commandemens, pour obtenir la même exécution ; et ainsi de suite, pendant toute la durée de la leçon.

L'instructeur suivra la colonne dans sa marche, en se tenant sur le flanc du côté des guides (ou pivots); il s'attachera à bien faire concevoir aux cavaliers les moyens qu'ils doivent employer pour bien se lier les uns aux autres en marchant, pour conserver leurs distances et leur alignement, dans chaque rang de quatre, et pour calmer les chevaux qui s'animent. Il leur recommandera de bien se *relâcher du bas du corps*, et de former de fréquens demi-temps d'arrêt.

Il ne faudra pas négliger leur position ; il faudra au contraire leur recommander de bien s'asseoir, en portant la ceinture en avant; de bien relâcher les jambes, que le travail en troupe tend à faire remonter. La main de la bride devra être bien placée, la main droite tombant naturellement sur le côté ; les épaules bien effacées et carrément. Il faudra bien veiller à ce que l'usage de la bride et les mouvemens de conversions, dans les coins, ne leur fassent pas contracter la mauvaise habitude de refuser l'épaule droite. On ne souffrira plus qu'ils se servent du filet : c'est dans cette leçon qu'ils doivent être confirmés dans l'habitude de conduire leurs chevaux de la main gauche seule, afin de laisser à la droite son entier usage pour le maniement des armes.

Après avoir marché quelque temps au pas, et lorsqu'on s'apercevra que les cavaliers conçoivent bien les principes de la marche directe et de conversions; que les distances s'observeront, et que chaque rang de quatre marche aligné, on fera passer la colonne au trot, après avoir bien expliqué la manière de doubler l'allure, et surtout, après avoir bien rappelé la progression établie; c'est plus particulièrement ici qu'on doit apporter plus d'attention, pour donner le temps aux chevaux de s'unir de vîtesse, et éviter le désordre qu'un départ brusque occasionne toujours, et dont le moindre inconvénient est de rompre l'ensemble.

On commandera :

1 Garde à vous.

2 Au trot.

3 Marche.

Au commandement *au trot*, tous les chevaux devront être rassemblés, de manière qu'au commandement *marche*, toute la colonne s'ébranle en-même-temps à un trot modéré, sans que les distances ni l'alignement se perdent. Le conducteur de la reprise, et surtout le premier rang de quatre, doivent mettre beaucoup de calme et d'à-plomb dans le départ au trot ; car ce sont eux qui donnent l'impulsion au reste de la colonne. Après quelque temps d'un trot modéré, ils augmenteront insensiblement de vîtesse, tout en calmant leurs chevaux, en arrêtant et rendant alternativement. Parvenus à un trot franc et uni, ils s'y maintiendront par l'usage des moyens qu'ils auront dû acquérir par le travail précédent, et que l'instructeur leur rappellera continuellement, sans les étourdir ni les rebuter par des cris qui augmentent toujours le désordre. Il doit parler d'une voix forte, pour qu'elle ne soit pas couverte par le bruit du trot des chevaux et par le froissement des armes ; distincte et ferme, pour commander l'attention ; mais il ne doit pas s'emporter ni jurer avec une violence qui n'a d'autre résultat que de rendre ce qu'il dit plus inintelligible. Il est plus sage, quand on voit que le désordre commence à se mettre dans la colonne, que le trot s'allonge trop, de faire passer au pas ; puis, faire reprendre le trot, jusqu'à ce qu'enfin on soit parvenu à un résultat satisfaisant. Un instructeur distingué ne doit jamais sortir de son caractère ; il doit être impassible, et conserver son sang-froid, afin de juger des moyens les plus efficaces à employer pour faire cesser un désordre qu'on n'est pas toujours maître d'éviter ; sans cela, il rentre dans la classe de ceux qui n'en ont que le nom, sans avoir aucune des qualités qui constituent le véritable instructeur de cavalerie : *patience, douceur et intelligence.*

Après quelques tours au trot, on commandera :

1 Garde à vous.

2 Au pas.

3 Marche.

Au commandement *au pas*, tous les chevaux devront être rassemblés, mais sans ralentir leur allure, de manière qu'au commandement *marche*; le trot cesse de la tête à la queue, mais toujours avec la progression établie, et de manière que les distances ne se perdent pas, et que les chevaux ne reçoivent pas d'atteintes. C'est encore au conducteur de la reprise, et au premier rang de quatre, à allonger les premiers pas, en sorte que le centre et la queue de la colonne ne soient pas obligés de passer au pas avec à-coup, ou même d'arrêter.

Pendant que l'on marchera au pas, on commandera *repos*; alors les cavaliers rendront la main à leurs chevaux, sans cependant cesser de les conduire; ils les caresseront, et secoueront légèrement les rênes de la bride pour les calmer. On les laissera peu de temps à cet état : on commandera *à vos rênes*; on les fera ajuster, et les cavaliers reprendront leur position et l'immobilité. Ensuite on fera reprendre le trot, toujours avec les mêmes précautions et la même progression, et surtout, on ne laissera les cavaliers à cette allure, que lorsqu'ils y passeront sans à-coup, et de la tête à la queue, avec l'ensemble et la gradation indiqués.

On s'en tiendra à ces changemens d'allure successifs, jusqu'à ce que les cavaliers ayent pris un peu l'habitude du travail par quatre; qu'ils soient à leurs distances, et botte à botte, et surtout, jusqu'à ce qu'ils maintiennent leurs chevaux calmes et d'aplomb. Ensuite on fera exécuter un changement de direction oblique.

Principes de la marche oblique.

Pour donner aux cavaliers les premiers principes de la marche oblique individuelle, on fera exécuter des changemens de direction obliques : après avoir rompu par la droite, marchant par conséquent à main gauche, et après avoir amené les cavaliers au point que je viens d'indiquer, la tête de la colonne ayant passé le second coin de l'un des petits côtés, on commandera :

1 Garde à vous.

2 Oblique à gauche.

Et aussitôt que le dernier rang de quatre aura passé le même coin :

3 Marche.

(*Voyez l'ordonnance* , *n.°* 246 , *pl.* 55). *Lorsque le guide de la colonne* sera près *d'arriver à un petit pas de la piste* opposée, l'instructeur commandera :

4 En — avant.

en allongeant beaucoup la première sillabe, ou première partie (*en*), de manière à prononcer la seconde (*avant*), au moment où tous les guides arrivent presque sur la piste.

On doit toujours se régler sur le guide de la colonne, parce que les autres sont subordonnés à son mouvement; mais si, cependant, il s'en trouvait quelques-uns de plus avancés que lui, il faudrait se régler sur eux, pour réparer, autant que possible, la faute; par la raison qu'il n'y a pas d'inconvéniens à allonger un peu l'allure et à gagner beaucoup de terrain en avant pour redresser son cheval, et qu'il y en a beaucoup en arrêtant et le redressant sur ses hanches. (*Voyez l'ordonnance*, *n*.os 247 *et* 248).

Après le mouvement, la colonne se trouvera marcher à main droite ; mais le guide n'aura pas changé, parce que la droite continue d'être en tête, et que dans les conversions à pivot mouvant, de quelque côté que soit le guide, on se règle toujours sur lui, soit qu'il se trouve à l'aile marchante ou au pivot. Cependant, dans le passage des coins, les cavaliers n'en sortiront pas moins la botte au pivot; mais aussitôt la conversion finie, ils se règleront sur le guide.

On marchera quelque temps ainsi, et on fera prendre le trot; puis on fera passer au pas, ayant attention que ces changemens d'allure s'exécutent avec toute la rectitude possible. Ensuite ou fera exécuter un changement de direction oblique à droite, avec les mêmes attentions que l'ordonnance prescrit pour le changement de direction oblique à gauche; les mêmes principes et les moyens contraires, on commandera :

1 Garde à vous.

2 Oblique à droite.

3 Marche.

Et près d'arriver sur la piste opposée :

4 En — avant.

Il est bien entendu que l'instructeur aura les mêmes attentions pour faire ces commandemens, que dans le changement de direction oblique a gauche.

Comme il importe beaucoup que les cavaliers conçoivent bien ces mouvemens, et les moyens de marcher ainsi liés en obliquant,

sans changer de front, on leur fera exécuter
de pied ferme les quarts d'à-gauche et les
quarts d'à-droite nécessaires, afin de leur faire
mieux comprendre les explications de l'ordonnance ; explications si peu susceptibles de
commentaires, que tout ce qu'on y ajouterait
pourrait les obscurcir au-lieu de les rendre
plus claires. L'instructeur doit donc se conten-
ter de les donner littéralement aux cavaliers;
ainsi, du reste, que toutes les autres qui ne
doivent jamais être altérées ; on peut seulement y joindre quelques observations plus
à la portée des hommes que l'on instruit;
mais le détail de l'ordonnance doit toujours les
précéder, pour *l'uniformité de l'instruction.*

Des à-gauche, et demi-tours à gauche. Des à-droite et demi-tours à droite, en marchant en colonne.

Les à-droite et les à-gauche par quatre et
les demi-tours, étant des mouvemens de la
plus grande importance, et ceux dont la bonne
exécution est la plus essentielle, on ne doit
commencer à y exercer les cavaliers que lorsqu'ils marcheront bien liés ensemble en colonne; que les changemens d'allure se feront
sans à-coups et avec la progression établie ;
que les passages des coins et les changemens
de direction oblique s'exécuteront avec en-

semble et sans confusion ; que les allures du pas et du trot seront bien unies et franches, et les chevaux calmes dans les rangs.

Les mouvemens par quatre ne sont que des déboîtemens et des emboîtemens de fractions, pour changer la direction d'une colonne, lui faire gagner du terrain vers un de ses flancs, ou en arrière de sa direction, par un mouvement simultané, et avoir la possibilité de lui faire reprendre le plus promptement possible, son ordre naturel et sa première direction. Ils sont le principe et la base de tous les mouvemens qui ne sont pas successifs ; et ces derniers étant ceux dont on se sert le plus en campagne, on doit sentir combien il est essentiel de le faire bien concevoir aux cavaliers, et de les y exercer beaucoup pour les leur rendre faciles.

Tous ceux qui ont fait la guerre savent que la manière la plus usitée de mouvoir un escadron ou un régiment, de le faire passer de l'ordre de colonne à l'ordre de bataille, et réciproquement, de l'ordre de bataille à l'ordre de colonne, effectuer une retraite, et se remettre face en tête, est celle des mouvemens simultanés, tels que *pelotons à-droite, pelotons à gauche ; pelotons demi-tour à droite, pelotons demi-tour à gauche ; à droite, à gauche par quatre et demi-tour,* comme étant la plus simple et la plus prompte, et celle où les chevaux se fatiguent le moins, parce qu'on n'est pas obligé, dans ce cas, de doubler l'allure pour les formations : il est des circonstances où cependant ceci souffre de nombreuses exceptions, soit par rapport aux obstacles que présente le terrain, les différens points où l'ennemi paraît, etc.....; mais il est certain que, pour tenir la campagne, on emploie le plus souvent les mouvemens que je viens de citer : or, en partant de ce principe, on sentira, comme je viens de le dire, de quelle importance sont les mouvemens par quatre, dans l'*Ecole du Cavalier*, et on s'attachera avec les plus grands soins, à leur donner l'exécution la plus correcte, et à en faire contracter une grande habitude aux cavaliers.

(Texte de l'ordonnance, n.º 249.). *Dans les à-gauche et demi-tours à gauche par quatre, le guide sera à droite ; dans les à-droite et demi-tours à droite, il sera à gauche*, par la raison qu'après une conversion à pivot fixe, on donne toujours le guide du côté de l'aile marchante ; parce que celle-ci n'ayant pas changé d'allure, on reprend plus tôt l'ensemble en se réglant sur elle.

On fera exécuter ces mouvemens sur le milieu d'un des grands côtés. Il sera plus avantageux de les faire exécuter un peu plus loin ; c'est-à-dire, lorsque la tête de la colonne sera près d'arriver au premier coin, afin qu'en se remettant en colonne sur le grand côté opposé, la tête de la colonne, qui en était la queue avant le mouvement, ait assez de terrain à parcourir pour reprendre de l'ensemble avant que de passer les coins. Un peu avant, donc, que la tête de la colonne n'arrive au petit côté, on commandera :

1 Garde à vous.

2 A gauche par quatre.

3 Marche.

(*Voyez l'ordonnance, même numéro que ci-dessus, planche* 56 *, figure* 1.re). Un défaut qu'ont presque tous les pivots, c'est de ralentir l'allure au commandement préparatoire, parce qu'en rassemblant leurs chevaux, ils n'ont pas l'attention d'approcher assez les jambes pour les entretenir au même degré de vîtesse. Ensuite, en arrêtant, il arrive souvent qu'ils font trop agir la main, et qu'ils reculent, ce qui empêche le rang qui suit d'opérer son emboîtement, et le met dans la nécessité de reculer aussi ; ce qui, indubitablement, fait crever le rang. Il faut prévenir cet inconvénient, en recommandant aux nombres quatre de bien régler l'effet des jambes sur celui de la main, en rassemblant leurs chevaux pour arrêter, de manière que l'allure n'éprouve aucun retard, et qu'ils arrêtent bien court, mais sans à-coups, au commandement *halte*. Ils ne doivent point non plus tourner trop vîte leurs chevaux à gauche ; il faut qu'ils donnent le temps à leurs rang, de quatre d'exécuter leur conversion, et qu'ils laissent tourner les épaules de leurs chevaux par eux, en conversant ; tandis qu'avec la jambe gauche, ils rangeront *lestement, et le plus correctement possible*, les hanches, pour que l'aile marchante *du rang placé derrière eux* puisse arriver sans obstacle à l'emboîtement.

L'emboîtement presque fini, on commandera :

En — avant.

Guide à droite.

(*Voyez l'ordonnance, n.° 250*). L'instructeur doit avoir attention de prononcer la première partie du premier commandement (*en*), de bonne heure, en la prolongeant beaucoup, et en élevant fortement la voix, pour faire préparer les pivots à se remettre en mouvement à la seconde (*avant*), qui devra être faite à l'instant où l'emboîtement a lieu ; cette seconde partie du commandement sera aussi prononcée en allongeant beaucoup la finale, pour que l'emboîtement ne se fasse pas brusquement, et que les pivots se portent tranquillement *droit devant eux, ainsi que tous les autres cavaliers du rang*, en se conformant aux principes de la marche directe (n.° 244).

Il faudra veiller à ce que les pivots rassemblent bien leurs chevaux à la première partie du commandement *en avant*, de manière qu'à la seconde, ils puissent entamer la marche sans à-coups; les cavaliers placés aux ailes marchantes, auront aussi attention de ne point arriver à l'emboîtement brusque-ment; ils éviteront avec soin de piquer leurs chevaux, pour ne pas rompre le rang. Toutes les fois qu'une de ces fautes aura lieu, les instructeurs doivent la faire connaître à tous les cavaliers, et leur en faire voir les inconvé-niens, sans cependant humilier celui qui l'a faite.

L'indication du guide sera prononcée fortement, immédiatement après la seconde partie du commandement *en avant*. Le cavalier de droite du premier rang de quatre, qui devient guide, doit se porter bien droit devant lui à une allure modérée. Le conducteur de reprise, qui se trouve à sa droite, doit veiller à ce qu'il ne se jette ni à droite ni à gauche, et à ce qu'il n'augmente ni ne diminue son allure. Tous les autres cavaliers du rang, qui se trouvent ainsi marcher en bataille, se régleront exactement sur le guide, en donnant un coup-d'œil sur lui, sans tourner la tête, et en sentant légèrement la botte de son côté. Ceux qui seraient trop en arrière augmente-raient insensiblement leur allure, de manière à arriver doucement sur l'alignement; et ceux qui seraient trop en avant ralentiraient dans la même progression, mais sans jamais ar-rêter.

(N.º 251 *du texte de l'ordonnance*). *Lors-*

que le rang arrivera à trois pas de la piste opposée, on commandera :

1 A gauche par quatre.
2 Marche.
3 En — avant.
4 Guide à droite.

Il ne faut pas attendre que le rang soit à trois pas de la piste pour faire tous ces commaudemens; mais il faut, aussitôt que le premier à-gauche par quatre est exécuté, et après l'indication du guide, commander de suite *à gauche par quatre*, afin de mettre un petit intervalle entre ce premier commaudement et celui de *marche*, qui doit être prononcé à *trois pas de la piste*, pour que les rangs de quatre puissent exécuter leur à-gauche, sans être serrés contre le mur, si l'on est dans un manège couvert, ou pour ne pas déborder la piste dans une carrière.

(*Texte de l'ordonnance*). *Ce mouvement s'exécutera comme le précédent, et la colonne se trouvera dans l'ordre renversé; en répétant une fois le même mouvement, elle reviendra dans son ordre naturel, et alors on commandera guide à gauche.*

Le second à-gauche par quatre est plus aisé que le premier, et s'exécute pour l'ordinaire mieux, parce qu'il n'y a qu'un déboîtement à opérer, et point d'emboîtement à faire.

Cependant on aura dû, avant que de commencer le premier, donner un détail pour celui-ci, de manière que les cavaliers exécutent correctement, et se portent bien droit devant eux au commandement *en avant*, qui sera fait avec les mêmes attentions de la part de l'instructeur. Un brigadier qui aura dû être placé en serre-file derrière le peloton, avant que de commencer la reprise, ou à défaut de celui-ci, l'instructeur lui-même, fera les commandemens *tournez* (à) *gauche*, et *en avant*, pour le passage des coins; le conducteur de reprise restera derrière le premier rang de quatre devenu dernier.

Après un tour ou deux de manège, pendant lesquels on aura dû expliquer ce qui n'aurait pas été bien conçu, signaler les fautes qui auraient été faites, et les moyens de les éviter dorénavant, on fera exécuter encore, aux mêmes endroits, deux à-gauche par quatre, pour remettre la colonne dans l'ordre naturel, et le guide à gauche, parce que la droite est en tête, et qu'on est revenu au point d'où l'on est parti.

L'instructeur doit mettre la plus grande attention à faire ses commandemens à temps, et avec aplomb, la bonne exécution de ces mouvemens en dépendant presqu'autant que de la clarté de ses explications.

Demi-tour à gauche, par quatre.

Il en est des demi-tours par quatre, comme des demi-tours par cavalier; on ne les fera exécuter que lorsque les cavaliers exécuteront bien les à-gauche et les à-droite par quatre; que les déboîtemens et emboîtemens se feront avec calme et sans à-coup; et que pendant la durée du mouvement, les cavaliers de chaque rang de quatre seront bien liés ensemble. Parvenu à ce point, la colonne ayant déjà exécuté le premier à-gauche par quatre, et le rang se portant ainsi de front en avant, immédiatement après l'indication du guide, on commandera :

1 Demi-tour à gauche par quatre.

Et à trois pas de la piste opposée :

2 Marche.

Au commandement *marche*, le demi-tour s'exécutera d'après les mêmes principes que pour l'à-gauche par quatre. Ce n'est autre chose que deux de ces derniers mouvemens exécutés de suite, pour faire face du côé opposé à la première direction. Les cavaliers auront attention d'arriver en colonne ensemble et de se régler sur le dernier rang de quatre, devenu premier momentanément, pour arriver à l'emboîtement tous a-la-fois, et se porter droit devant eux au commandement *en avant,* dont la première partie sera prononcée lorsque le mouvement sera aux trois quarts de son exécution, pour donner le temps aux pivots de préparer leurs chevaux à se porter en avant à la seconde. Ce dernier commandement prononcé, l'instructeur commandera :

Guide à droite.

Le cavalier de droite du dernier rang de quatre, qui devient guide, se portera droit devant lui, avec les attentions prescrites pour celui de droite du premier.

Pour remettre la colonne dans l'ordre naturel, on commandera :

1 A gauche par quatre.

2 Marche.

3 En — avant.

4 Guide à gauche.

Avec les attentions déjà prescrites pour ces commandemens. (*Voyez l'ordonnance,* n.ᵒˢ 252 *et* 253).

L'instructeur devra, avant que de faire commencer ces mouvemens par quatre, et en-même-temps qu'il en donnera le détail, prescrire au premier rang de quatre d'exécuter son mouvement lentement, *pour donner aux autres le temps d'exécuter le leur*, et parce que le cavalier de droite de ce rang devient guide après le mouvement.

Dans le second à-gauche par quatre, qui remêt en colonne dans l'ordre inverse, le dernier rang de quatre, qui va se trouver à la tête, doit au contraire exécuter *son mouvement en allongeant un peu l'allure*, pour dégager le terrain, et *ne pas retarder la queue de la colonne.*

Ce dernier rang de quatre devra, dans le demi-tour, exécuter son mouvement lentement, parce que, comme je l'ai dit, le cavalier de droite de ce rang devient guide après le mouvement, et que tous-les autres doivent se régler sur lui pour exécuter le leur (*Voyez l'ordonnance*, n.° 254).

Quand on travaillera à main droite, la gauche en tête, on exécutera des à-droite et des demi-tours à droite par quatre, d'après les mêmes principes et les moyens contraires. Les nombres *un* deviendront pivots, et les nombres *quatre* conducteurs des ailes marchantes. L'instructeur fera son détail en conséquence, en prescrivant à chacun ce qu'il a à observer pour la bonne exécution des mouvemens. On travaillera un jour la droite en tête, et l'autre jour la gauche, alternativement.

Après avoir beaucoup exercé les cavaliers aux mouvemens par quatre, et lorsqu'on en sera au point d'obtenir de bons résultats, on les fera exécuter au trot, en suivant pour cela une progression relative à la force des cavaliers, et à la manière dont ils exécuteront d'abord ces mouvemens à cette allure, c'est-à-dire, qu'on ne fera faire les demi-tours, que lorsque les à-droite et les à-gauche simples se feront avec calme et ensemble.

A mesure qu'ils acquerront plus d'aplomb et d'aisance, on fera de plus longues reprises au trot, et on exécutera davantage d'à-droite ou d'à-gauche par quatre; et enfin, quand ils y seront tout-à-fait confirmés, on fera exécuter des demi-tours.

Il faut beaucoup de calme et d'attention pour exécuter ces mouvemens au trot, de la part des nombres *un* et *quatre* surtout, qui se trouvent ou pivots ou conducteurs des ailes marchantes. Il faut qu'ils tiennent leurs chevaux rassemblés au commandement préparatoire, sans ralentir l'allure, et être prêts, cependant, à arrêter court au commandement *marche*. Ce dernier commandement n'est pas plus tôt prononcé, qu'ils doivent se préparer à se porter en avant, au trot, à la seconde partie du commandement *en avant!*; tout en rangeant les hanches de leurs chevaux, *le plus lestement possible*, avec la plus scrupuleuse attention de ne pas reculer. Les emboîtemens doivent se faire tranquillement, en marquant un demi-temps d'arrêt, afin de donner le temps aux pivots de partir au trot, légèrement et sans à-coup.

C'est plus particulièrement en exécutant ces mouvemens au trot, que les instructeurs doivent avoir la plus grande attention de faire

leurs commandemens à propos et avec précision. Il faut beaucoup d'assurance, et une
grande habitude de l'instruction pour acquérir ce tact, qui est toujours la première
cause de la bonne exécution : ceci est applicable à toutes les manœuvres et à toute
sorte d'exercices militaires; le moindre contre-
temps, même seulement une indécision dans
un commandement, met les cavaliers les
mieux instruits dans une incertitude qui fait
manquer, souvent, les mouvemens les mieux
commencés.

Quand on aura amené les cavaliers au point
d'exécuter ces mouvemens par quatre à un
trot franc et uni, avec aplomb et tranquillité,
on fera mettre le sabre à la main, et on fera
exécuter ainsi tous les mouvemens de la leçon, jusqu'au demi-tour inclusivement. On
veillera bien à ce que les cavaliers portent
correctement le sabre, et qu'il n'influe en rien
sur la carrure des épaules, ni sur la manière
de conduire son cheval. Il faudra dès lors
faire travailler beaucoup les cavaliers ayant
le sabre à la main, pour les habituer à son
port, et les fortifier davantage dans l'habitude
de gouverner leurs chevaux avec la main gauche
seule.

Lorsque les cavaliers auront le sabre à la
main, on s'occupera de leur donner une
attitude militaire. La tête devra être haute et
libre; le regard assuré et fier; les épaules bien
effacées et placées carrément; la poitrine bien

sortie, les coudes tombant sans force le long du corps; la ceinture portée en avant, le plus près possible du pommeau de la selle; la main de la bride bien placée; enfin, le buste de l'homme d'aplomb et droit sur sa base. (La manière de mettre le sabre à la main, et de le porter à l'épaule, est détaillée au n.º 267).

Mouvemens par quatre, le peloton étant en bataille, sur deux rangs.

Quand les cavaliers sauront exécuter les mouvemens par quatre en colonne, au pas et au trot, et qu'à cette dernière allure surtout, ils auront acquis l'aplomb et l'ensemble nécessaires, on fera former le peloton; on l'arrêtera, et on expliquera la manière d'exécuter les à-droite, les à-gauche, et demi-tours par quatre sur deux rangs, soit pour se porter vers son flanc droit ou son flanc gauche, ou pour faire face au côté opposé à sa direction. Ces mouvemens ne pourront se faire que hors le manège, ou carré, à moins qu'il ne soit assez spacieux pour y mouvoir le peloton en tous sens. En tout état de cause, il sera toujours préférable de donner cette instruction dans toute l'étendue de la carrière, afin de pouvoir marcher un peu long-temps en avant, après un mouvement par quatre; pour donner le temps au peloton de reprendre de l'ensemble, et pouvoir ensuite changer de direction par un autre à-gauche ou à-droite par quatre, ou un demi-tour, selon les inégalités et les obstacles que peut présenter le terrain. Ces obstacles seront même un moyen d'instruction utile pour les cavaliers et les instructeurs, qui apprendront ainsi à les éviter, et qui leur démontreront l'utilité des mouvemens par quatre.

Pour les bien faire concevoir aux cavaliers, et leur démontrer les différentes formes que peut prendre le peloton, par suite de l'un ou l'autre de ces mouvemens, on les leur fera tous exécuter de pied ferme. Pour cela, on commandera :

1 Garde à vous.

2 A gauche par quatre.

3 Marche.

4 Halte.

Le peloton est ici de pied ferme : au commandement *à gauche par quatre*, tous les cavaliers rassembleront leurs chevaux, et les nombres *un* se prépareront à déboîter légèrement.

Au commandement *marche*, chaque rang de quatre exécutera son à-gauche, comme il a été déterminé, les pivots tournant sur euxmêmes, et rangeant les hanches de leurs chevaux avec la jambe gauche.

Lorsque les ailes marchantes arriveront à

21*

l'emboîtement, le commandement halte sera prononcé fortement, mais en l'allongeant beaucoup, pour que l'emboîtement s'achève sans à-coup.

Si le peloton est composé de douze files, il se trouvera formé sur trois rangs de huit cavaliers chacun; et s'il l'était de seize, il le serait de quatre rangs, également de huit. Il faudra faire faire cette remarque aux cavaliers, et leur dire qu'il en est de même toutes les fois qu'un peloton, marchant en bataille, gagne du terrain vers un de ses flancs, par un mouvement par quatre. Chaque cavalier prendra pour chef de file, le cavalier du rang de quatre qui est devant lui, et qui se trouve avoir le même numéro. Dans ce mouvement, les rangs de quatre de droite de chaque rang de huit, sont tous du premier rang, et ceux de gauche, du second. Si l'on avait fait à droite par quatre, ce serait le contraire.

Après avoir fait comprendre cela aux cavaliers, on fera faire un second à-gauche par quatre, qui mettra le peloton sur deux rangs, dans un ordre tellement renversé, que le second rang se trouvera le premier, et les rangs de quatre de gauche se trouveront avoir la droite. On fera encore faire cette remarque aux cavaliers, puis on fera exécuter un troisième à-gauche par quatre, qui remettra le peloton sur trois (ou quatre) rangs de huit; les rangs de quatre du premier rang étant à la gauche, et ceux du second à la droite. Enfin, on remettra le peloton dans son ordre naturel par un quatrième à gauche par quatre, toujours avec l'attention de faire remarquer entre chacun, l'ordre dans lequel le peloton se trouve formé.

On répétera cette instruction en faisant des à-droite par quatre, puis ensuite des demi-tours ; de cette manière, on rendra ces mouvemens très-sensibles aux cavaliers, et on sera plus à même de leur faire voir les fautes qu'ils peuvent faire, pour qu'ils portent toute leur attention à les éviter.

Le peloton étant remis dans son ordre naturel, on l'alignera, et on commandera :

1 Garde à vous.

2 Peloton en avant.

5 Guide à droite (*ou* à gauche).

4 Marche.

Après avoir marché quelque temps en avant, l'instructeur commandera :

1 Garde à vous.

2 A droite par quatre.

5 Marche.

4 En — avant.

5 Guide à gauche.

(*Voyez l'ordonnance, n.°* 255, *pl.* 56, *fig.* 2.)

Ce mouvement s'exécutera comme il a été détaillé : l'instructeur doit toujours, avant que de faire ses commandemens, donner les explications qu'il croira nécessaires à la rectitude du mouvement ; mais une fois que les cavaliers sauront tout ce qu'ils ont à faire, il ne fera plus d'explications ; il indiquera seulement les fautes, quand il s'en fera, et appellera l'attention des cavaliers.

(N.º 256 *du texte de l'ordonnance, pl.* 57, *fig.* 1.ʳᵉ). Après avoir marché quelque temps vers son flanc droit, l'instructeur fera faire un à-droite ou un à-gauche par quatre, selon que le terrain le permettra, ou qu'il le jugera à-propos. Il continuera d'exercer ainsi son peloton à gagner du terrain vers ses flancs, et à marcher en arrière de sa direction, par des à-droite ou des à-gauche par quatre ; mais il ne fera exécuter les demi-tours que lorsque les cavaliers auront pris l'habitude des premiers mouvemens. On doit toujours suivre une progression en tout, et ne passer d'un mouvement à un autre, que lorsque celui qui le précède a été bien conçu.

Quand on voudra faire exécuter les demi-tours par quatre, on prendra un moment où le peloton marchera en avant, dans son ordre naturel, et on commandera :

1 Garde à vous.

2 Demi-tour à gauche par quatre.

3 Marche.

4 En — avant.

5 Guide à droite.

(*Voyez l'ordonnance, n.° 257, planche 57, figure 2*).

Et pour remettre le peloton dans sa première direction, et dans son ordre naturel , on commandera :

1 Garde à vous.

2 Demi-tour à droite par quatre.

3 Marche.

4 En — avant.

5 Guide à gauche.

Tous ces mouvemens devront s'exécuter avec le calme et l'attention déjà recommandés, et les instructeurs ne doivent rien oublier de tout ce qui peut contribuer à leur rectitude. Quand les cavaliers les exécuteront bien , on les leur fera faire intercalairement avec les à-droite et les à-gauche, et aussi bien en marchant par le flanc qu'en marchant de front , pour qu'ils s'y habituent encore davantage.

Enfin, quand on verra qu'il y a de l'attention, de l'aplomb et du calme dans l'exécution, on mettra le peloton au trot, et on fera exécuter ces mouvemens, en y mettant une gradation proportionnée à l'habitude que les cavaliers auront acquise de cette allure en

troupe, et de l'exécution de ces mouvemens.

(N.º 258 *du texte de l'ordonnance*): Pour
faire finir le travail, on fera passer au pas ;
on remettra le peloton dans son ordre naturel,
et on commandera :

1 Garde à vous.

2 Peloton.

3 Halte.

4 A droite (*ou à* gauche) alignement.

5 Fixe.

Au commandement PELOTON, tous les cavaliers prépareront leurs chevaux à l'arrêt, sans
ralentir l'allure ; de manière qu'au commandement HALTE, ils arrêtent tous en-même-temps,
et que l'alignement soit conservé. Ils tourneront de suite la tête du côté de l'alignement,
et ne la replaceront directe qu'au commandement FIXE. L'instructeur commandera alors
REPOS, et les cavaliers rendront entièrement la
main à leurs chevaux.

(*Texte de l'ordonnance*). *Dans tous les
mouvemens par quatre, les instructeurs s'attacheront particulièrement à faire bien observer aux cavaliers qu'ils doivent être constamment liés les uns aux autres, et surtout de
ne conserver d'un rang à l'autre que la distance
prescrite.*

On ne saurait trop s'attacher à bien pénétrer les cavaliers de ces principes; les mouvemens par quatre ne seront jamais bons qu'autant qu'ils les concevront, et qu'ils en auront acquis une grande habitude par un travail bien dirigé.

On ne fera faire le maniement des armes aux cavaliers que lorsqu'ils seront bien confirmés dans tous les détails d'instruction contenus dans la première partie de la cinquième leçon; et avant, on les leur fera exécuter avec toutes les armes, et on veillera bien à ce que leur poids ne dérange pas leurs positions, surtout dans les corps armés de carabines (ou mousquetons), ou de lances. Il faudra prendre garde que les épaules ne s'arrondissent, et qu'ils ne refusent le côté de celle qui se trouve la plus chargée. Dans la cavalerie légère, le poids de la carabine fait souvent vousser le dos et porter le col en avant; et dans les lanciers, le poids de la lance fait presque toujours refuser l'épaule droite, surtout quand elle est reposée. Il faut veiller avec soin à ces objets importans, et prévenir ces défauts de bonne heure, en exerçant beaucoup les cavaliers au travail avec les armes; leur poids deviendra plus léger à mesure qu'ils s'y habitueront davantage; il faudra surtout, je le répète, les faire travailler beaucoup ayant le sabre à la main.

SECONDE PARTIE.

Du maniement des armes à cheval.

Je ne dirai que peu de choses sur le maniement des armes à cheval, cette matière
n'étant pas susceptible d'un plus grand développement que celui que donne la Théorie
de détail de Versailles ; c'est pourquoi il se
trouvera dans cette partie de la cinquième
leçon, beaucoup de lacunes dans la série des
numéros.

Il est de la plus grande importance, sans
doute, de bien exercer les cavaliers au maniement des armes à cheval ; mais il n'est pas nécessaire qu'il y ait de l'ensemble, ni cette régularité qu'on exige à pied. Pourvu qu'un cavalier sache charger ses armes, bien et promptement, faire feu, les recharger ensuite ; et
que, tout en conduisant bien son cheval, il
sache en faire usage avec à-propos, voilà le
but que l'on doit se proposer ; et qu'on ne
croye pas que c'est une chose facile !... C'est
le complément de l'instruction des cavaliers,
des chasseurs et hussards surtout ; mais ce ne
peut être que dans le douzième article de
l'Ecole de l'escadron, à l'Ecole de tirailleurs,
qu'on peut les confirmer dans cette partie
essentielle de l'instruction. Dans la cinquième
leçon, on ne peut que leur démontrer la manière de faire l'*inspection des armes, charger*

les armes, les feux, mettre le sabre à la main, faire haut le sabre, comme premier et second rang, et *remettre le sabre.* Ces mouvemens s'exécutant la plupart de pied ferme, ils ne peuvent en acquérir cette habitude qu'il est essentiel d'avoir à la guerre ; mais on peut cependant leur donner l'intelligence des meilleurs moyens à employer.

Je blâme la méthode de faire allonger les rênes de six pouces, pour charger les armes et faire feu ; c'est précisément dans ces momens que les cavaliers ont le plus besoin de bien contenir leurs chevaux; et si les rênes sont trop longues, quelles ressources auront-ils quand ces animaux, souvent effrayés par un coup de feu (quelquefois même , rien que par le bruit de la détente), les emporteront, ou se précipiteront à droite ou à gauche? Comment pourront-ils les contenir? Faut il abandonner de suite ses armes, et jeter les deux mains pour ressaisir et ajuster ces rênes?... Et compte-t-on pour rien l'ébranlement que le meilleur cavalier peut recevoir d'un saut de côté, ou de tout autre mouvement déréglé et imprévu ?

Cette méthode est vicieuse, et l'ordonnance provisoire du 1.er vendémiaire an 13 l'a prévu, et la condamne par son silence ; on doit donc s'en tenir à ce qu'elle prescrit, et faire exécuter le maniement des armes sans allonger les rênes, à moins que pour l'inspection des armes, où la troupe est en bataille de pied-ferme ; là il n'y a pas d'inconvéniens, mais c'est le seul cas où l'on puisse faire usage de cette méthode sans danger.

Il faudra donc apprendre aux cavaliers à charger leurs armes et à faire feu, sans allonger leurs rênes, de manière à être toujours à même de contenir leurs chevaux. On n'exigera, dans cet exercice, *de régularité que homme par homme, les cavaliers devant plus se servir de leurs armes à feu isolément qu'en troupe*. Mais il faudra aussi les exercer à charger vîte, à faire feu avec sang-froid, et à bien ajuster ; à replacer leurs armes dans leur lieu avec dextérité, et à mettre promptement le sabre à la main. C'est en y exerçant beaucoup les cavaliers, qu'on parviendra à leur donner une grande habitude du maniement des armes à cheval, objet bien essentiel et bien négligé, parce qu'on veut obtenir de l'ensemble où il est impossible d'en avoir, et que c'est presque toujours aux dépens des principes.

Les seuls mouvemens, dans le maniement des armes à cheval, où il soit possible d'obtenir de l'ensemble sans inconvéniens, sont ceux de *mettre le sabre à la main, présenter le sabre, faire haut le sabre,* comme premier et second rang, *et remettre le sabre.* Il est même facile de donner à ces mouvemens une belle exécution, surtout à celui de mettre le sabre à la main. La grande beauté de ce mouvement est dans l'exécution du second temps,

quand l'instructeur met assez d'intervalle entre
la première et la deuxième partie du commandement, pour donner le temps aux cavaliers
d'exécuter correctement le premier temps.

Les ceinturons de sabre devront être bien
ajustés ; les premières bélières devront avoir
assez de longueur pour que le pommeau de
la monture du sabre n'atteigne pas le coude
gauche du cavalier ; mais elles seront ajustées
de manière, qu'en portant la main droite par-
dessus les rênes, pour saisir la poignée, le
cavalier ne soit pas obligé de déranger la
main de la bride, et de pencher son corps à
gauche pour l'atteindre.

Pour faire mettre le sabre à la main, on
commandera :

1 Garde à vous.

2 Sabre (*à la*) main.

Deux temps (n.º 267).

1.º A la première partie du deuxième commandement, qui est *sabre*, tourner la tête à
gauche, assurer la main de la bride, en l'appuyant sur le pommeau de la selle, pour que
le cheval ne bouge ; porter la main droite
par-dessus les rênes, sans se pencher à gauche ;
passer le poignet dans la dragonne, saisir le
sabre à la poignée pour dégager la lame du
fourreau d'environ six pouces, et replacer la
tête directe ;

2.º A la seconde partie du commandement, qui est (*à la*) *main*, tirer vivement le sabre, en allongeant le bras droit de toute sa longueur, le sabre et le bras perpendiculaires à l'épaule ; abaisser le bras et porter le sabre à l'épaule droite, le dos de la lame appuyé au défaut de l'épaule, le tranchant en avant, le poignet reposé sur le haut de la cuisse droite, le petit doigt en dehors et en arrière de la poignée.

L'instructeur doit prononcer la première partie du commandement (*sabre*) avec énergie, en faisant siffler l'*s*, et en appuyant fortement sur la dernière syllabe. Il doit faire une pause, pour reprendre haleine, et donner le temps aux cavaliers de saisir la poignée du sabre et de se replacer carrément. Alors il prononcera la seconde partie du commandement, en coulant légèrement sur les mots (*à la*), et appuyant ferme sur celui de *main*, pour décider l'exécution du deuxième temps, et lui imprimer, pour ainsi dire, la vivacité qu'il doit avoir.

Si les cavaliers exécutent bien ce mouvement, et à la dernière syllabe du commandement, leurs bras devront faire l'effet d'un ressort qui se détend ; le sabre et le bras, dans leur position perpendiculaire, doivent marquer un temps d'arrêt, et s'abaisser ensuite tous ensemble. Si le mouvement est exécuté ainsi, il sera de la plus grande beauté. L'effet en est extrêmement imposant, et il flatte agréablement l'œil par son ensemble.

On fera ensuite présenter le sabre en trois temps, comme il est détaillé au n.° 268; on commandera :

 1 Garde à vous.

 2 Présentez (*le*) sabre.

Le premier temps s'exécutera à la dernière syllabe du commandement *présentez le sabre*, et l'exécution des deux autres sera déterminée par les commandemens *deux* et *trois*. Il sera aussi très-aisé d'obtenir de l'ensemble dans ce mouvement, quand plus tard ils exécuteront de suite tous les temps, sans attendre les commandemens *deux* et *trois ;* mais ces mouvemens ne devant se faire également qu'individuellement, on n'exigera non plus une grande *régularité que homme par homme.*

Pour apprendre aux cavaliers à faire *haut le sabre,* comme premier et second rang, on fera serrer les rangs, on alignera le peloton, et on fera mettre le sabre à la main, si on l'a remis ; ensuite on commandera :

 1 Garde à vous.

 2 Haut (*le*) sabre.

(*Voyez l'ordonnance,* n.° 283). Au commandement *haut* (*le*) *sabre,* le premier rang portera la pointe du sabre en avant, le poignet en tierce et à la hauteur des yeux, le bras demi-tendu, de manière que le bras et l'avant-bras forment un angle un peu ouvert ; le plat de la lame placé horisontalement et le tranchant à gauche ; la pointe du sabre dirigée à la hauteur de la poitrine d'un homme à cheval. Le poignet, dans ce cas, doit être un peu plus élevé que la pointe, pour que le coup se donne en plongeant, et qu'il ait plus de force.

Le second rang élévera le sabre, le bras demi-tendu, le poignet au-dessus de la tête, le tranchant de la lame en l'air, pour donner le coup de sabre vertical. La pointe sera en arrière et plus élevée que le poignet d'environ un pied, pour donner au coup plus de force d'impulsion.

Il faudra veiller à ce que les cavaliers du premier rang ne tournent pas trop le poignet en tierce, pour que le tranchant de la lame ne se trouve pas en l'air, et que le bras n'éprouve pas une torsion qui lui ôte de sa force. D'ailleurs, le coup de pointe n'est jamais aussi bon en tenant ainsi son sabre, parce qu'il ne peut passer entre les côtes qui l'arrêtent souvent ; au-lieu que le plat de la lame étant placé horisontalement, et précisément dans la direction des côtes, le coup passe entr'elles, et n'est point annulé.

Pour le second rang, on veillera à ce que les cavaliers ne placent pas leur sabre horisontalement au-dessus de la tête ; mais qu'ils le tiennent bien comme le prescrit l'ordonnance, sans tourner les ongles en avant, ce qui, ramenant la pointe à gauche, fait porter le plat de la lame, au lieu du tranchant, quand on assène le coup vertical.

Dans les commencemens, on fera prendre aux deux rangs la position du premier rang, puis après celle du second, en ayant attention de les prévenir. Pour cela on commandera : *garde à vous, comme premier* (ou *second*) *rang, haut* (le) *sabre.*

Ensuite on fera faire haut le sabre, chaque rang prenant la position qui lui est indiquée.

Pour faire porter le sabre à l'épaule, entre chaque mouvement, on commandera :

1 Portez (*le*) sabre.

Après avoir exercé les cavaliers à ces mouvemens, on fera remettre le sabre ; on commandera :

1 Garde à vous.

2 Remettez (*le*) sabre.

Deux temps (*Voyez l'ordonnance, n.º* 269).

1.º A la première partie du deuxième commandement, qui est *remettez*, élever le sabre perpendiculairement, en l'amenant vis-à-vis le milieu du corps, la pointe en haut ; le pommeau du sabre reposé sur la paume de la main, le pouce allongé sur le côté droit de la poignée, la main à hauteur et à six pouces de distance de la cravatte, le plat de la lame en avant, et le tranchant à gauche.

2.° A la seconde partie du second commandement, qui est *sabre*, approcher le poignet droit près et vis-à-vis l'épaule gauche, le sabre toujours perpendiculaire; tourner la tête à gauche, baisser la lame, de manière qu'elle passe en croix le long du bras gauche, la pointe en arrière; la remettre dans le fourreau, sans se pencher à gauche, ni déranger la main gauche; replacer la tête directe et ajuster les rênes.

Il doit y avoir beaucoup d'ensemble dans ce mouvement, si l'instructeur prononce la première partie du commandement (*remettez*) vivement, mais distinctement, et en appuyant fortement sur la finale; et si après l'avoir prononcée il fait une légère pause, avant que de faire la seconde (*sabre*): cette seconde partie sera prononcée d'un ton animé et bref, toujours en appuyant sur l's et sur la finale.

(*Texte de l'ordonnance*). *Lorsque les cavaliers commenceront à faire usage de leurs armes à cheval, on leur fera exécuter les reprises indiquées au commencement de cette leçon, ayant le sabre à la main; et à la fin de ces reprises, on leur fera toujours faire un tour ou deux de manège au trot, et même au galop, si l'on est dans le manège découvert.*

Cette leçon complétant, pour ainsi dire, l'instruction des cavaliers, avant qu'ils soient admis à l'escadron, il faudra la donner avec tous les soins possibles, et bien les confirmer dans le travail par quatre avec leurs armes. On s'occupera de donner aux allures beaucoup de franchise et d'aplomb, et il ne faudra pas craindre de faire galoper souvent les chevaux, pour habituer les hommes à cette allure. Les reprises au galop seront courtes, pour ne pas essouffler les chevaux, mais fréquentes.

Les cavaliers devront travailler beaucoup ayant le sabre à la main; et on s'occupera de leur donner de la grâce dans le port du sabre, comme je l'ai indiqué à la fin du travail par quatre étant en colonne. Pendant qu'ils marcheront au pas, au trot, ou même au galop, on leur fera prendre la position du premier et du second rang pour le sabre, alternativement et souvent, pour leur apprendre à le faire correctement, et les familiariser avec leurs sabres. On exigera la plus parfaite immobilité, quand les cavaliers auront le sabre à l'épaule; il faudra aussi leur apprendre à ajuster leurs rênes ayant le sabre à la main; parce qu'il est mille circonstances où l'on se trouve avoir besoin de les ajuster sans quitter son sabre. Cela s'exécutera de la même manière qu'à la quatrième leçon; les cavaliers contenant le sabre avec les trois derniers doigts, et se servant du premier et du pouce pour saisir les rênes au-dessus et près du pouce gauche, et couler ainsi la main droite jusqu'au bouton, tenant toujours le sabre perpendiculaire; enfin, on ne négligera rien de tout ce qui pourra contribuer à fortifier davantage les cavaliers dans le travail en troupe.

L'ordonnance fixe le temps de l'instruction des cavaliers de recrue, à quatre mois, et établit la progression suivante : vingt jours à la première leçon, vingt jours à la seconde, vingt jours à la troisième et vingt jours à la quatrième ; un mois à la cinquième, et dix jours à la sixième. (*Voyez l'ordonnance, article 3 des bases de l'instruction*).

Qu'on me permette de dire que c'est beaucoup trop peu : à la rigueur, ce temps pourrait suffire, pendant la guerre surtout, où l'on a besoin d'hommes, et où les circonstances ne permettent pas toujours d'en consacrer davantage ; mais il ne suffira jamais pour leur parfaite instruction : elle ne sera que commencée, qu'ébauchée, et les cavaliers marcheront à l'ennemi avec courage, sans doute, mais sans cette confiance que donne la solidité et l'aisance à cheval, une connaissance parfaite et une grande habitude des moyens à employer pour lancer, contenir et diriger les mouvemens de l'animal qui partage nos dangers, et qui, bien gouverné, nous les évite souvent.

On a vu, dans les dernières guerres que la France a eues à soutenir, et qui semblaient devoir l'écraser, des escadrons composés de jeunes cavaliers, à peine sortis de leurs foyers, sans instruction de l'art de la cavalerie, pouvant à peine manœuvrer leurs chevaux, s'élancer sur l'ennemi, le culbuter par l'impétuosité du premier choc., et être ensuite victimes de leur courage, par le défaut de moyens pour diriger leurs chevaux et se servir de leurs armes.

Quel succès ne pourrait-on pas espérer de l'instruction parfaite d'hommes en qui la valeur est innée? Et quel temps plus propice que celui d'une longue et heureuse paix, pour donner enfin à notre cavalerie l'aplomb et l'ensemble qui lui manque généralement, et qui lui assurerait une supériorité, déjà incontestablement acquise par la bravoure et l'intrépidité?

On doit pousser l'instruction le plus rapidement, sans doute, *afin que l'école, pendant la paix, se rapproche de ce qu'elle doit être pendant la guerre;* mais en cela, il faut avoir plus d'égards *aux progrès et aux dispositions des hommes de recrue,* qu'au temps qu'on employera à leur instruction.

Ordinairement on ne fait pas faire feu aux cavaliers, à la cinquième leçon, quoique l'ordonnance le prescrive; c'est encore un tort; on doit le faire faire dès-lors, pour habituer les chevaux au feu et les cavaliers à les contenir.

Pour s'assurer que les cavaliers chargent bien leurs armes, on leur donnera des cartouches de son, ou de sciure de bois, et on fera changer les armes avec, en passant correctement par tous les mouvemens. On veillera à ce qu'ils secouent bien la cartouche, de manière qu'il ne reste plus que le papier, qui doit alors servir de bourre. Quand on sera assuré qu'ils chargent bien leurs armes, on donnera des cartouches à poudre, et on fera tirer, ayant attention de ne le faire d'abord que successivement, et de faire caresser et calmer les chevaux entre chaque coup de carabine ou de pistolet.

Pour bien habituer les hommes et les chevaux aux feux, l'instructeur prendra un pistolet chargé, se placera en avant du front du peloton, qui devra être formé, à une assez grande distance pour que les grains de poudre ne piquent pas le nez ou les yeux aux chevaux ; ensuite il commandera *peloton en avant,* et préviendra les cavaliers que le coup leur servira de commandement *marche* pour que le peloton se porte droit à lui. Il tirera ; alors tous les cavaliers fermeront les jambes en baissant la main, pour faire porter leurs chevaux en avant. Il faudra user de cette leçon souvent, mais avec patience et ménagemens, et avoir attention, surtout, de caresser beaucoup les chevaux, et de les amener doucement près de l'endroit où le coup est parti, sans les battre.

Pour finir la leçon, on fera exécuter successivement tous les mouvemens qui y sont contenus, en exigeant toute la régularité possible ; ensuite on retournera au quartier, où l'on fera former le peloton, et mettre pied à terre *comme première classe*; c'est-à-dire, qu'au commandement *préparez-vous pour mettre pied à terre*, les cavaliers exécuteront de suite tous les mouvemens, sans s'arrêter sur aucun; au commandement *pied à terre*, il en sera de même, et ils resteront face à leurs chevaux jusqu'à celui de *reprenez vos rangs*. On défilera ensuite, de même comme *première classe*, et on rentrera les chevaux. Au commandement *marche*, les cavaliers ayant leurs sabres, les releveront de la main gauche, en les saisissant entre les deux bélières, la poignée en arrière.

FIN DE LA CINQUIÈME LEÇON.

SIXIÈME LEÇON.

Travail au galop.

L'ORDONNANCE prescrit (article 3 des Bases de l'Instruction) de faire travailler les cavaliers à la sixième leçon pendant dix jours; mais comme elle ne dit pas que ce ne sera seulement que les sous-officiers instructeurs et les cavaliers destinés à les remplacer, on peut penser qu'elle a voulu désigner tous les cavaliers indistinctement. Cependant, au commencement de cette leçon (n.° 290), elle dit que *les instructeurs à cheval devant être choisis parmi les hommes qui annoncent le plus de disposition pour l'équitation, et leur instruction ne pouvant être assez perfectionnée, cette sixième leçon ne sera donnée qu'aux sous-officiers instructeurs, et aux cavaliers destinés à les remplacer;* à la fin de cette même leçon, elle dit encore (n.° 318), que les chasseurs et hussards y seront de même *exercés plus particulièrement,* parce *que par leur institution ils sont plus susceptibles d'être employés comme tirailleurs.* Il résulte de cette espèce d'incertitude où semble être l'ordonnance, que l'on n'attache pas à la sixième leçon toute l'importance qu'elle mérite, et que dans presque tous les corps on ne s'en occupe que pour la forme ; et c'est seulement à un petit nombre, tant sous-officiers que cavaliers, qu'on donne à-peu-près, et quelque temps avant les revues d'inspection, une partie de cette leçon, à laquelle il est essentiel que tous les cavaliers soient exercés, non-seulement dix fois par an, mais autant qu'on le pourra.

On dit, pour prétexte de cette insouciance, qu'il est dangereux pour les chevaux de les faire travailler au galop ; que cette allure les assied trop, et les ruine promptement : sans doute ; quand on veut faire de cette instruction une espèce d'académie, où l'on prétend faire exécuter les airs de manège ; où l'on veut donner à des chevaux de troupe ce galop raccourci et cadencé, qui les rend inaptes à toute autre allure, et qui leur brise les jarrêts avant que de pouvoir y atteindre, parce qu'ils manquent de finesse et de nerf, et qu'on veut y suppléer par la force que l'on met dans l'action de la main, et par un usage immodéré de l'éperon, qui ne produisent d'autres effets que de faire prendre aux chevaux une espèce d'amble rompu, ou galop défectueux, connu sous le nom d'*aubin* ; indice certain de la ruine des reins et des jarrêts, qui est bientôt confirmée par les veissigous, et autres tumeurs molles et osseuses qui viennent à ces parties.

Mais ce n'est point de cette manière que j'entends donner la sixième leçon. Les chevaux n'y connaîtront qu'un trot franc, et un galop décidé ; tels enfin qu'on s'en sert à la guerre, et qui, loin de les ruiner, les habituera, au contraire, à ces allures, et à un travail qui se rapproche de celui de campagne, qui aura l'avantage de développer une bonne complexion, et de leur faire supporter comme exercice utile ce travail, que d'antiques préjugés font encore regarder aujourd'hui comme ruineux.

Il ne faudra, pour parvenir à ce point, que suivre une gradation, pour la durée des reprises au galop, proportionnée à l'habitude que les chevaux en prendront, en commençant par les faire très-courtes, et souvent répétées, et ne souffrant pas, surtout, que les cavaliers les rassemblent trop, et en leur faisant arrondir beaucoup les coins. Dans les commencemens, il faudra leur donner beaucoup de liberté de la main, sans trop s'embarrasser de la vitesse du galop, qu'on parviendra toujours aisément à rallentir, à mesure que les hommes et les chevaux s'y habitueront. On se gardera bien, cependant, d'abuser de ce travail, qui finirait par asseoir trop les chevaux, et qui amènerait par degrés l'usure des reins et des jarrêts, que le galop raccourci précipite.

Il n'est pas dit que pour donner la sixième leçon à tous les cavaliers, on ne doive pa la donner particulièrement aux sous-officier et brigadiers instructeurs, ainsi qu'à un cer tain nombre de cavaliers, pris parmi ceux qui annoncent le plus de dispositions pour l'instruction et l'équitation; au contraire, on doit y exercer beaucoup ceux-ci; et comme ils sont susceptibles de comprendre et d'exécuter tout ce que peut comporter l'art de l'équitation, applicable aux chevaux de guerre, on fera de cette classe une école où devront passer successivement tous les sujets d'un corps susceptibles d'avancement, et où ils devront puiser les connaissances qu'il est indispensable d'avoir pour devenir instructeur.

On pourra entrer, avec eux, dans beaucoup de détails que ne donne pas l'ordonnance; tels que la décomposition des allures, ou la manière dont s'opère la marche chez l'animal, dans les différens degrés de vitesse qu'il est susceptible de prendre, afin que par cette connaissance on évite de leur donner des allures défectueuses ou artificielles, et qu'on employe toutes les ressources de l'art à perfectionner celles qui leur ont été départies par la nature.

On ne doit connaître, à la sixième leçon, comme aux précédentes, que le pas, appelé communément *pas de campagne*; mais on cherchera à lui donner le *tride* nécessaire pour pouvoir amener par degrés les chevaux au point de traverser les terrains les plus irréguliers et les plus glissans, avec adresse et tranquillité.

Le trot devra être franc et uni, et tenir le milieu entre *le trot écouté* et *le trot allongé.* Les chevaux devront être soutenus, mais sans être trop rassemblés, pour qu'ils ne perdent pas de temps en mouvemens inutiles, et qu'ils embrassent tout le terrain que peut leur permettre l'allongement et le raccourcissement successifs de leurs membres.

Le galop sera décidé, mais cadencé et soutenu; il sera celui que l'on nomme *galop à trois temps*, tenant le milieu entre le galop de manège, ou *à quatre temps*, et celui de course, ou *à deux temps*. Il faut de plus que l'animal se tienne bien; que la tête soit haute, et l'avant-main léger, pour se dégager de dessous le centre de gravité avec grâce et facilité. Les hanches doivent être basses, et l'arrière-main devra *chasser le devant* en opérant sa détente, sans le faire trop élever, ce qui diminue l'espace de terrain que le cheval embrasse à chaque temps de galop, et use promptement les extrémités antérieures, par les secousse qu'elles reçoivent de la chute et de l'appui violent du corps sur elles, dans le moment du *poser* et de *l'appui*, qui se font, dans ce cas, en-même-temps. Ces secousses seront d'autant plus fortes, que le cheval s'enlèvera davantage du devant en galopant.

On prendra, pour donner cette leçon aux sous-officiers instructeurs et cavaliers choisis, les chevaux les plus fins, et les plus susceptibles d'être soumis au travail du galop, et à tous les exercices contenus dans la sixième leçon ; et on exigera d'eux plus de tenue, de régularité et de justesse, que de la partie majeure des cavaliers, qu'on exercera au travail au galop avec leurs propres chevaux, sans exiger d'eux que de savoir les faire partir justes, *sentir quand ils ne le sont pas, les faire reprendre*, et les contenir ensuite dans un galop uni, et empêcher qu'ils ne s'abandonnent à un degré de vîtesse trop rapide. Ils devront savoir aussi tourner facilement leurs chevaux à droite et à gauche au galop; les faire galoper en cercle ; leur faire exécuter des demi-tours, toujours à la même allure, mais en décrivant des arcs de cercle très-étendus. Enfin, on leur donnera, de la leçon qui va être détaillée, ce qu'il est nécessaire qu'ils en sachent pour bien conduire et manier leurs chevaux, dans toutes les circonstances où par la suite ils peuvent se trouver à la guerre; dans ce travail, il ne faut pas oublier qu'on doit autant veiller à l'instruction des chevaux qu'à celle des hommes; et que leur usure, ou leur conservation, dépendra des ménagemens et de la modération avec lesquels on le dirigera.

Le peloton destiné à exécuter la sixième leçon sera formé comme dans la précédente.

Les hommes seront en sabre, et auront chacun un pistolet dans la fonte gauche. Les selles seront recouvertes de la schabraque.

On conduira ce peloton sur le terrain où il devra être exercé, dans l'ordre observé pour les autres leçons. En y arrivant, on le fera former de même, et on tracera un carré, auquel on donnera les plus grandes dimensions possibles, surtout beaucoup de largeur, pour que les coins soient assez éloignés l'un de l'autre.

On mettra les cavaliers en mouvement sur ce carré, comme à la quatrième leçon, en faisant faire un demi-tour à droite au premier rang, et rompant ensuite par un, par la droite, ou par la gauche.

Pendant que les cavaliers marcheront ainsi par un au pas, on s'occupera de perfectionner leur position à cheval, et on leur expliquera le mécanisme du pas, et la manière dont il s'opère, par l'allongement et le raccourcissement successifs des quatre membres de l'animal, afin de pouvoir se lier à ses mouvemens, et s'en rendre compte par un contact qui permette au cavalier de juger quelle est l'extrémité qui se lève, et quelle est celle qui pose à terre. Cette perception des mouvemens devra se faire sans le secours de la vue, et seulement par le sentiment de la secousse communiquée au corps de l'homme par chaque foulée du cheval.

Pour leur faciliter cette étude, on leur

expliquera la succession des mouvemens des extrémités ; mais avant d'indiquer cette succession, il est nécessaire de savoir que ces extrémités ont été divisées en *bipède antérieur*, *bipède postérieur*, *bipède latéral droit*, *bipède latéral gauche*, *bipède diagonal droit* et *bipède diagonal gauche*.

Le *bipède antérieur* se compose des deux jambes de devant.

Le *postérieur*, des deux jambes de derrière.

Le *bipède latéral droit*, se compose de la jambe droite de devant et de la jambe gauche de derrière.

Le *latéral gauche*, de la jambe gauche de devant, et de celle de derrière du même côté.

Le *bipède diagonal droit*, est formé par la jambe droite du devant, et la jambe gauche de derrière.

Le *diagonal gauche*, par la jambe gauche de devant et la droite de derrière.

On distingue, dans le mouvement de chaque extrémité, 1.º *le lever*, 2.º *le soutien*, 3.º *le poser*, et 4.º *l'appui*. Ces quatre temps, très-distincts dans les chevaux de race, sont très-peu apparens dans les chevaux communs, tels que ceux de troupe, et se réduisent pour nous à deux, que nous appellerons le *lever*, qui est le temps qui s'écoule depuis l'instant où une extrémité quitte le sol, jusqu'à celui où elle regagne la terre ; et le *poser*, qui est le moment pendant lequel le pied reste sur le sol, et soutient le corps. J'ai cru ne pas devoir entrer dans de plus grands détails, pour ne pas compliquer davantage une matière déjà assez obscurcie par la manière minutieuse dont elle a été traitée.

Du pas.

Le cheval, pour se mettre en marche, doit allégir l'extrémité par laquelle il va la commencer, en la déchargeant de son quart de la masse totale du corps, par un petit mouvement latéral, qui le répartit sur les autres : le corps opère donc le premier mouvement; ensuite, l'extrémité allégie se porte en avant, pour embrasser le terrain, et être prête à recevoir le poids du corps, que la jambe de derrière opposée pousse en avant, en s'étendant en arrière, et dirige un peu diagonalement sur la jambe de devant qui s'est portée en avant la première, et qui va, par ce moyen, se trouver sous le centre de gravité. Pendant que cette jambe de derrière pousse ainsi le corps en avant, par son extension en arrière, l'autre jambe de devant se trouve, par ce mouvement, sous le corps, mais prête à le quitter pour se porter en avant, et embrasser le terrain à son tour, quand la jambe de derrière qui l'avoisine vient, après son extension en arrière, prendre sa place et recevoir le poids du corps. Aussitôt que cette seconde jambe de devant, après s'être portée en avant, a posé sur le sol, sa diagonale s'étend en arrière, et pousse à son tour le corps en avant, pour venir ensuite prendre la place de la première jambe qui a entamé la marche, et qui, par suite de tous ces mouvemens, se trouve sous le corps, et également prête à le quitter. Alors, la même succession de mouvemens recommence, tant que l'animal continue de marcher, et c'est cette succession d'allongemens et de raccourcissemens des quatre membres du cheval, qui constitue le pas.

Pour me rendre plus clair, je suppose le cheval entamant la marche de la jambe droite; aussitôt qu'elle se sera portée en avant, et qu'elle posera sur le sol, la jambe gauche de derrière s'étendra pour pousser la masse en avant, et après son extension, viendra prendre la place de la jambe gauche de devant, qui se lève aussitôt pour embrasser le terrain, et opérer la progression en avant; la jambe droite de derrière s'étend alors, et vient remplacer, sous le centre de gravité, la jambe droite, par laquelle l'animal a commencé la marche; cette jambe droite se lève de nouveau, et la même révolution recommence, tant que le cheval continue de marcher.

De cette succession de mouvemens résultent quatre *battues* ou *foulées* distinctes; la première opérée par la jambe droite de devant, la seconde par la jambe gauche de derrière, la troisième par la jambe gauche de devant, et la quatrième, enfin, par la jambe droite de derrière. Il résulte de ces quatre foulées quatre petites secousses, qui produisent deux mouvemens alternatifs, très-sensibles pour le corps du cavalier, quand il est bien lié à sa monture. En supposant toujours la marche entamée sur la jambe droite, le premier de ces mouvemens qui se fera sentir sera une légère impulsion à droite, au moment où la jambe droite de devant pose à terre ; et le second, une légère impulsion à gauche, au moment où la jambe gauche de devant opère son *poser*. L'extension en arrière de la jambe de derrière opposée, est cause que ces mouvemens se font sentir un peu diagonalement ; ce qui met le cavalier à même de s'en rendre compte encore mieux, en s'identifiant bien à son cheval.

C'est ce tact qu'il faut faire acquérir aux instructeurs et élèves instructeurs, dans le travail de cette leçon, afin de les mettre à même de juger de l'instant qu'il faut saisir pour faire partir un cheval sur tel ou tel pied, lorsqu'on leur donnera la leçon du galop.

Pour juger si les cavaliers acquièrent cette finesse, et pendant qu'ils marcheront ainsi au pas, sur les grands côtés du carré, on les fera compter *un*, au moment où la jambe droite pose à terre, et *deux* sur la jambe gauche, alternativement, et à haute voix; et surtout en s'assurant que c'est seulement par le tact des mouvemens du cheval qu'ils en ont la perception.

Cette leçon les mettra dans la nécessité de se relâcher de plus en plus, de s'identifier à leurs chevaux, et d'en étudier tous les mouvemens, et aura, par cette raison seule, les meilleurs résultats, en ce que leur assiette y gagnera; sans compter les ressources qu'un homme de cheval peut tirer pour l'obéissance passive de l'animal qu'il soumet, de la parfaite connaissance qu'il acquiert de ses mouvemens.

Pour mettre les chevaux en haleine, on fera passer au trot; et pendant cette reprise, on expliquera de même la succession des mouvemens de l'animal à cette allure.

Du trot.

Le trot est l'allure qui tient le milieu entre le pas et le galop, pour la vîtesse. On remarque dans la révolution des mouvemens qui le constituent, à-peu-près la même succession que dans le pas; mais *le lever* et *le poser* des membres qui composent chaque bipède diagonal sont simultanés; de sorte que la percussion s'opère d'un bipède diagonal à l'autre. Au-lieu de quatre battues, l'oreille n'en distingue que deux, et le cavalier a encore plus de facilité pour percevoir, par le contact de son corps avec celui du cheval, les mouvemens que j'ai dit résulter de la secousse ou réaction, produite par chaque foulée, en raison de ce que le mouvement étant plus rapide, et la machine plus fortement lancée, les pieds frappent plus fortemen le sol, où *l'appui* se fait plus violemment.

Les cavaliers étant au trot, bien liés à leurs chevaux, on les fera de même compter *un* au moment où le bipède diagonal droit pose à terre, et *deux* sur le gauche, successivement ; ce dont ils jugeront par l'impulsion que chaque temps de trot communique au corps, en l'attirant du côté de la jambe de devant qui pose à terre.

On répétera cette instruction toutes les fois qu'on exercera le peloton de sous-officiers, instructeurs et cavaliers choisis, en ne les y laissant que le temps nécessaire pour mettre les chevaux en haleine, et les préparer ainsi au travail au galop.

Du galop.

C'est la plus prompte et la plus relevée de toutes les allures, et celle qui demande l'emploi d'une plus grande force musculaire, surtout dans les membres postérieurs, qui sont chargés du transport de la masse en avant.

Le galop est une succession de sauts en

avant, produits par la détente des jarrêts, et le redressement subit des membres posté-rieurs, fléchis et engagés précédemment sous le corps, tandis que les membres antérieurs embrassent le terrain en s'allongeant en avant, dans le moment de l'extension vigoureuse, en arrière, des angles articulaires postérieurs.

Dans cette allure, l'arrangement des mem-bres est tel, que toujours un bipède latéral dépasse l'autre, et qu'un diagonal est toujours sous le centre de gravité, tandis que l'autre en est éloigné, pour embrasser le terrain de la jambe antérieure, et chasser la masse en avant de la postérieure.

J'ai dit que le galop de la sixième leçon serait celui nommé *à trois temps* (on le nomme encore galop de chasse), parce qu'il tient le milieu, pour la vîtesse, entre *le galop à quatre temps* et celui *à deux temps*, et que des che-vaux de guerre ne devaient connaître de galop soutenu que celui-là, que l'on peut unir et décider sans lui donner l'extrême vîtesse de celui de charge, qu'il est toujours facile de faire prendre aux chevaux, mais dans lequel on ne peut obtenir les évolutions et les mou-vemens nécessaires à la guerre.

On ne ruinera pas les jarrêts des chevaux de troupe, en les asseyant trop, et on leur procurera, par ce galop à trois temps, la sou-plesse et l'habitude de cette allure, qui leur manque généralement.

Il ne sera donc question ici, que de celui-là , et on en expliquera le mécanisme aux cavaliers, de la manière suivante.

Le galop à trois temps prend sa dénomination, comme les autres espèces de galop , du nombre de battues qu'il fait entendre : or, pour se rendre compte de la manière dont s'opèrent les trois battues provenant de l'allure dont il est question , il faut observer, d'abord, *le lever* des extrémités, et ensuite l'ordre de leur *poser* : disons de suite que l'on entend par *galop sur le pied droit,* lorsque le bipède latéral droit dépasse le gauche (dans ce cas; c'est le diagonal gauche qui se trouve sous le centre de gravité); et *galop sur le pied gauche,* quand le bipède latéral de ce côté dépasse le droit (alors le bipède diagonal droit se trouve à son tour engagé sous le corps).

Le cheval supposé entamer le galop sur le pied droit , c'est la jambe droite de devant qui se lève la première ; la jambe gauche, sa voisine, la suit immédiatement ; pendant ce temps , la jambe droite postérieure , engagée sous le centre de gravité, soulève le corps , et la gauche, placée en arrière comme un arc-boutant, le chasse en avant par la détente du jarret , et quitte le sol la dernière. Aussi-tôt que le transport du corps en avant est opéré par cette succession de mouvemens, les extrémités regagnent la terre dans un ordre tout-à-fait inverse à celui de leur *lever.* La jambe gauche postérieure, qui a quitté le sol la dernière, y retombe la première, et opère

ainsi la première battue (ou premier temps);
ensuite, le bipède diagonal gauche y tombe
simultanément, et opère la seconde battue
(ou second temps). Enfin, la jambe droite
antérieure, qui s'est levée la première, y retombe la dernière, et fait entendre la troisième battue (ou troisième temps). Tant que
la percussion a lieu, la même succession de
mouvemens recommence, à moins que l'animal, gêné dans sa course, soit par le cavalier, ou par rapport à la ligne qu'il décrit,
ne change l'ordre de ses extrémités, en plaçant son bipède latéral gauche en avant du
droit, et son diagonal droit sous son centre
de gravité, ce qui constitue le galop sur le
pied gauche. *Le lever* et *le poser* des extrémités se fait alors dans le sens inverse du galop
à droite ; la dernière qui quitte le sol y retom-
bant toujours la première.

Avant que de commencer le travail au galop, on fera faire *front* successivement à
chaque rang; le second se formant derrière
le premier, comme aux troisième et quatrième
leçons. Le peloton devra se trouver tout-à-fait
à l'une des extrémités du manège, pour ne pas
gêner les cavaliers qui travaillent.

Pendant que le peloton sera ainsi formé,
on expliquera aux cavaliers ce que l'on entend
par *galop à droite, galop à gauche ; cheval
faux, cheval désuni*, comme l'ordonnance le
prescrit aux n.º 291 (planches 59 et 60),
et 292 (planches 61 et 62). Il faudra s'atta-

cher à ce qu'ils conçoivent bien l'arrangement des membres du cheval dans ces différens cas ; et pour cela, l'instructeur commencera par faire galoper des cavaliers déjà instruits, et leur fera faire des fautes avec intention, pour les faire remarquer aux autres, et leur en démontrer les inconvéniens, et leur donner en-même-temps l'intelligence des moyens à employer pour prévenir ces mêmes fautes. Il faudra surtout leur faire sentir le danger qu'il y a à galoper *faux* ou *désuni*, par rapport au manque d'aplomb où le cheval se trouve dans l'une ou l'autre de ces situations. Un cheval désuni, par exemple, est tellement hors de son aplomb, que le moindre contre-temps peut le faire tomber : un bipède latéral se trouve sous le centre de gravité, tandis que l'autre en est éloigné ; les membres ne peuvent se prêter mutuellement le secours dont ils ont besoin pour le soutien de la masse, et son transport en avant. L'ordre *du lever* et *du poser* des extrémités est tellement interverti, qu'il est presqu'impossible à l'œil d'en suivre la succession, et à l'oreille d'en distinguer clairement les battues : on en entend ordinairement quatre, mais sans cadence ni régularité ; conséquence naturelle de l'état d'incertitude et de gêne où se trouve le cheval.

On commencera par faire galoper les cavaliers l'un après l'autre, ou si on en a beaucoup à instruire, on devra, du-moins, n'en mettre que quatre à-la-fois, dans les commencemens, et on suivra une gradation pour leur nombre, et la durée des reprises, relative à l'habitude qu'ils prendront de ce travail.

(N.º 293 *du texte de l'ordonnance*). *Pour faire partir un cheval sur le pied droit, il faut le contenir parfaitement droit,* former un demi-temps d'arrêt, en sentant un peu plus l'effet de la rêne gauche, *pour empêcher les épaules de tomber à droite, et fermer les deux jambes derrière les sangles, pour le chasser en avant,* en donnant une forte pression de la droite, pour déterminer l'épaule droite, qui doit entamer la marche à se porter en avant.

Il est essentiel de mettre beaucoup d'accord et d'ensemble dans toutes ces opérations; car si elles n'avaient pas lieu toutes à-la-fois, et avec les proportions indiquées, le cheval pourrait partir faux ou désuni; le demi-temps d'arrêt allège l'avant-main, en asseyant un peu le cheval sur ses hanches; et la pression des jambes du cavalier, en rassemblant les forces du cheval sur elles, procure aux jarrets une élasticité capable d'élever et de chasser la masse en avant. Il faut bien saisir ce moment pour faire partir le cheval; et la main et les jambes devront, par leur action, déterminer le départ au galop sur le pied droit.

Les mêmes principes sont applicables pour faire partir sur le pied gauche; dans le demi-temps d'arrêt, on fait sentir un peu plus

24

l'effet de la rêne droite, pour empêcher les épaules de tomber à gauche ; et dans l'action des jambes, la gauche donne une plus forte pression. (*Voyez l'ordonnance, n.° 294*).

On mettra les cavaliers en mouvement, d'abord au pas, et on leur laissera faire un tour de manège, pendant lequel on leur expliquera ce qui vient d'être détaillé ; ensuite on les fera passer au trot, parce qu'on ne doit les faire partir au galop étant au pas, que lorsqu'ils seront en état d'employer les moyens indiqués avec justesse. Dans ces commencemens, on les fera même partir au galop en arrivant dans un coin, jusqu'à ce que l'on voye qu'ils sont assez avancés pour faire partir leurs chevaux justes sur la ligne droite. Il faudra toujours avoir l'attention de leur répéter ce qu'ils ont à faire pour cela.

(N.° 295 *du texte de l'ordonnance*). Quand un cheval sera parti faux ou désuni, il faudra le faire passer au trot, puis reprendre le galop, auquel on ne le laissera que quand il sera parti sur le bon pied. Il ne faudra d'abord exiger des cavaliers que de contenir leurs chevaux droits et justes, et les leur faire calmer par de fréquens demi-arrêts ; et graduellement, et à mesure qu'ils prendront l'habitude du galop, on s'occupera de perfectionner leurs positions, et de leur donner la grâce, l'aisance, et le liant à cheval, qui doivent distinguer un bon cavalier ; ou du-moins, avec ceux desquels il est impossible d'obtenir ces résultats, on s'occu-

pera de leur donner le plus possible de tenue
et de solidité à cheval, unies à la justesse et à
l'accord des mains et des jambes. A cette occasion on se ressouviendra de l'utilité, de la
nécessité, même du poids des jambes et du
lâcher des deux parties mobiles, pour le main-
tien de l'équilibre de l'homme à cheval. On
s'occupera d'obtenir des cavaliers qu'ils se
relâchent de plus en plus en allongeant leurs
cuisses, en portant la ceinture en avant, et
surtout en mettant la plus grande souplesse
dans le pli des reins ; car c'est ou galop, surtout, que la division du corps de l'homme en
trois parties, deux mobiles et une immobile,
est la plus sensible ; la dernière, liée et iden-
tifiée à tous les mouvemens du cheval, est
emportée par lui dans toutes les directions que
prend la ligne horisontale de son corps ; tandis
que les fonctions des deux autres sont de varier sans cesse pour mettre le centre de gravité
de l'homme dans une ligne verticale qui cor-
responde exactement avec celle dans laquelle
se trouve celui du cheval ; car si le plan hori-
sontal qui sert de base à l'homme, change, et
devient tantôt incliné en avant, et tantôt en
arrière, la ligne verticale dans laquelle est le
centre de gravité du cheval, reste toujours perpendiculaire à l'horison. Il est évident que,
pour que ces deux corps soient en un juste
équilibre, il faut que les deux lignes dans
lesquelles se trouvent leurs centres de gravité,
soient confondues en une seule et même ligne

droite. C'est dans les dernières *vertèbres lombaires* (les reins), que le cavalier trouvera les moyens de maintenir toujours son corps bien perpendiculaire à l'horison, par une grande souplesse, qu'il opposera sans cesse aux variations de sa base, et qui lui permettra, par une flexion moëlleuse, de placer la verticale de son corps, soit en avant, soit en arrière, afin qu'elle change à chaque instant, par rapport à cette même base, mais jamais par rapport à l'horison.

(*Texte de l'ordonnance, n.º 296). Quand les hommes commenceront à sentir le galop de leurs chevaux, on leur fera exécuter au galop les changemens de direction indiqués dans la troisième leçon* (N.ᵒˢ 194, 196 et 198).

Il ne faudra pas se presser de faire exécuter ces changemens de direction, et attendre que la position des cavaliers soit en-même-temps assurée et gracieuse, autant que leur conformation le permettra, et qu'ils ayent bien conçu les moyens à employer pour faire partir leurs chevaux sur le bon pied, et ceux de bien se lier à leurs mouvemens, à l'allure du galop.

Enfin, *on continuera ces premières instructions jusqu'à ce que l'on voye que les hommes savent bien faire partir leurs chevaux justes, sentir quand ils ne le sont pas, et les faire reprendre.*

On doit prendre ce paragraphe de l'ordonnance dans le sens le plus étendu, et non l'éluder comme cela arrive presque toujours.

Quand on voudra faire changer de main, on fera, comme le dit l'ordonnance, passer au trot. Ce changement de main se fera indifféremment dans la longueur ou dans la largeur; on pourrait même le faire en coupant diagonalement le manège dans sa longueur.

Pendant que les cavaliers seront au trot, on leur expliquera les moyens à employer pour faire partir leurs chevaux sur l'autre pied; sur le pied gauche, par exemple, si l'on avait commencé par travailler à main droite. Il faut de même *former un demi-temps d'arrêt, sentir un plus la rêne qui, après le changement de main, devient celle du dehors,* décider son cheval à gauche en fermant les deux jambes derrière les sangles, et donnant une plus forte pression de la jambe qui devient celle du dehors après le changement de main. (*Voyez l'ordonnance,* n.° 298).

Le cheval ayant repris, faire cesser graduellement l'action de la rêne et de la jambe du dehors, et l'entretenir au galop par un effet égal et moëlleux des unes et des autres.

(N.° 299 *de l'ordonnance*). Quand les cavaliers commenceront à bien travailler au galop individuellement, on augmentera le nombre de ceux qui doivent galoper ensemble; et graduellement, on les amènera au point de travailler tout un rang de peloton à-la-fois, en file, *et on leur fera exécuter les changemens de direction* de la troisième leçon. On veillera à ce qu'ils conservent bien leurs distances ; pour cela, le conducteur de reprise doit galoper franchement, sans s'abandonner à un degré de vitesse trop rapide ; il devra éviter les à-coups, surtout au moment où il fait reprendre son cheval ; il devra plutôt ralentir qu'augmenter l'allure. Les instructeurs veilleront à ce que les cavaliers qui le suivent voyent devant eux, pour ralentir l'allure quand il la ralentit, et l'augmenter quand il l'augmente, afin de ne pas donner d'atteinte aux chevaux, et pouvoir les faire changer de pied sur le même point que lui. Enfin, quand ils galoperont ainsi avec calme et justesse, et qu'ils conserveront bien leurs distances, on fera travailler les deux rangs à-la-fois, comme aux troisième et quatrième leçons, et on fera exécuter au galop tous les changemens de direction qui y sont contenus.

On sentira parfaitement que pour amener les cavaliers à ce point d'instruction, il faut du temps, de la patience, et surtout une progression dans le travail telle, qu'on ne passe jamais d'un mouvement, ou d'une partie de l'instruction à une autre, que lorsqu'on sera assuré que les cavaliers sont bien confirmés dans ceux qui précèdent.

Lorsque les cavaliers travailleront bien au galop, les deux rangs à-la-fois, on les fera galoper par deux et par quatre ; et à ce sujet, je

ne ferai que rapporter ici ce que dit l'ordonnance (n.º 300).

*Lorsque les hommes seront réunis (c'est-à-
dire, marchant par deux ou par quatre), on
n'exigera d'eux que de maintenir leurs chevaux droits et calmes, et d'observer exactement leurs distances, sans s'embarrasser sur
quel pied galopent leurs chevaux, parce
qu'ils ne pourraient les faire changer de pied
que par des à-coups, et qu'en troupe on ne
peut obtenir des jambes que des effets tres-
incertains, la pression empêchant de s'en
servir avec justesse.*

Voilà pour les attentions que doivent avoir
les instructeurs, et pour les recommandations
qu'ils doivent faire aux cavaliers : quant à
la progression qu'on doit suivre pour les
amener à bien travailler en troupe, elle doit
être la même que dans le travail précédent ;
on ne passera d'un objet à un autre, que lorsque celui qui le précède aura été exécuté d'une
manière satisfaisante ; c'est-à-dire, qu'on ne fera galoper par quatre que lorsque les cavaliers
galoperont bien par deux.

En se rappelant ce que j'ai dit dans les leçons
précédentes, notamment dans la cinquième, de
l'urgence et de la nécessité d'habituer les cavaliers aux allures rapides, on pensera que c'est
plus particulièrement encore à la sixième que
l'on doit s'en occuper. On ne doit pas, dans
cette leçon, avoir d'autre but ; car on ne peut
espérer de succès certains qu'en raison de

l'instruction des cavaliers qui composent une troupe ; instruction qui consiste à maîtriser, à diriger son cheval dans une charge, soit pour se lancer sur l'ennemi, ou éviter de tomber entre ses mains ; lui porter des coups sûrs et savoir éviter les siens. Il n'y a pas de doute qu'à égalité de courage et de force, l'avantage restera à celui de deux adversaires qui saura le mieux manier son cheval : on peut tirer la même conséquence de deux troupes à cheval opposées l'une à l'autre : la victoire restera à celle qui aura dans ses rangs le plus grand nombre de bons cavaliers. Car, qu'est-ce qu'une charge !... une marche directe, impétueuse, qui demande le plus haut degré de vîtesse que les chevaux puissent prendre, dans lequel il n'est nullement difficile à un cavalier, même novice, de se tenir ; son cheval même s'unira de vîtesse avec les autres, et arrivera sur l'ennemi en-même-temps ; mais après un choc, même victorieux, l'ensemble est rompu, et chaque cavalier est, pour ainsi dire, abandonné à ses propres forces ; il faut qu'il dirige son cheval, soit pour attaquer ou se défendre ; et s'il n'en a pas les moyens, que sa monture l'emporte, s'arrête court, ou se jette à corps perdu dans la troupe ennemie, que lui servira sa valeur ?... et si un ennemi habile, s'apercevant d'un désordre occasionné par un grand nombre de cavaliers qui se trouveraient dans ce malheureux cas, se rallie et fond une seconde fois sur cette troupe, d'abord victorieuse, et maintenant en désordre ? Ne peut-il pas lui arracher la victoire, et écharper aisément des hommes dispersés, que la certitude de cette même victoire a déjà emportés trop loin ? Ces hommes, naguère intrépides, parce qu'ils étaient en masse, s'étonnent et deviennent timides en proportion de leur ignorance dans l'art de manier leurs chevaux pour se rallier promptement, et sont d'autant plus aisément vaincus, que toute leur attention se portant sur les moyens de s'échapper, ils négligent de parer les coups d'un ennemi dont l'audace s'accroît en proportion du peu de résistance qu'on lui oppose (*).

Après ce léger aperçu, on sentira quelles funestes conséquences découleraient d'une négligence condamnable à exercer les cavaliers au travail au galop; c'est surtout dans cette première partie de la leçon qu'il faut bien les confirmer dans l'habitude de cette allure. Quand ils seront à un point satisfaisant, pour les y perfectionner encore plus, et les habituer à se servir de leurs armes avec avantage, on leur fera exécuter la course des têtes.

(*) C'est ce qui est arrivé dans les dernières campagnes (1813, 1814 et 1815); ce que je puis m'honorer de dire, parce que je l'ai vu et éprouvé moi-même, dans des circonstances où le défaut d'exercice et de connaissances en équitation a failli me devenir funeste, et m'a valu plusieurs honorables blessures.

De la course des têtes.

(*N.*º 3o1 *du texte de l'ordonnance.*) La course des têtes a pour objet, *de contribuer encore avec plus de succès à perfectionner les cavaliers dans les différens exercices d'équitation, à conduire leurs chevaux, à se servir de leurs armes* (principalement du sabre et du pistolet), *et à acquérir de l'expérience.* C'est un reste de ces anciens excercices militaires, connus sous le nom de *tournois,* recherchés jadis avec tant d'ardeur par les jeunes gens qui se destinaient au métier des armes, et où les Bayard et les Duguesclin apprenaient, encore adolescens, à vaincre les ennemis de leur pays. Mais le goût du siècle est marqué, et ces nobles exercices sont depuis bien long-temps tombés en désuétude. D'ailleurs, les armes dont on se sert maintenant rendent inutiles la plupart des évolutions hardies et des mouvemens difficiles auxquels on soumettait alors les chevaux. On a cependant conservé, dans la course des têtes, tout ce qui peut être utile à un cavalier pour apprendre à manier son cheval, et se servir de ses armes avec tout l'avantage que peuvent lui offrir son adresse et ses moyens en équitation ; on doit donc, conséquemment, ne pas négliger de l'exercer à cette partie essentielle de l'école du cavalier.

Je vais donner le détail de la course des

têtes, tel qu'on le donne à l'Ecole royale de cavalerie; il contient quelques observations relatives à la disposition des têtes sur le carré où l'on doit faire exécuter la course, et est d'ailleurs, dans quelques endroits, plus clair que celui de l'ordonnance, dont toutefois il émane.

« La troupe destinée à la course des têtes s'étant rendue dans la carrière, sera partagée en deux pelotons égaux, qui seront formés sur deux rangs, et placés (planche 63) aux extrémités de la carrière, se faisant face, observant de laisser derrière eux l'espace nécessaire pour qu'un cheval puisse y passer aisément.

(N.° 302 *du texte de l'ordonnance*). On placera quatre têtes de chaque grand côté ; ces têtes seront en toile, rembourrées de foin, et placées sur des chandeliers de bois, d'environ cinq pieds six pouces de haut (pl. 63).

Les quatre têtes de chaque grand côté seront sur la même ligne, à trois pieds de la piste, et en dedans de la carrière, à l'exception de la tête n.° 1, qui sera d'environ deux pieds plus en-dedans que les trois autres, parce que c'est sur cette tête que le cavalier qui fait la course doit tirer son coup de pistolet.

La tête n.° 2 sera placée à la hauteur de la gauche du peloton; mais un peu plus avancée.

La troisième occupera le milieu de la longueur de la carrière.

La première, c'est-à-dire la tête n.o 1, doit être entre ces deux dernières, et distante également l'une de l'autre.

La tête n.o 4 sera placée à la hauteur de la droite du premier rang du peloton opposé : cette distance est nécessaire, pour que le cavalier qui doit pointer cette quatrième tête, après avoir sabré horisontalement la troisième, ait le temps d'ajuster son coup de pointe, en prenant la position prescrite.

La tête n.o 1, qui est celle sur laquelle les cavaliers doivent faire feu, est placée du côté gauche du peloton dont on fait partie, entre les deuxième et troisième.

Les trois que l'on doit sabrer ou pointer sont du côté droit.

Lorsque ces huit têtes seront ainsi disposées, le cavalier de gauche du premier rang de chaque peloton, se placera sur la piste (fig. 1.re), un peu en avant du coin de la carrière, et à la gauche de son peloton, mettra le pistolet à la main, l'armera, et le tiendra le bout élevé, le poignet à hauteur, et à six pouces de distance de l'épaule droite, la sous-garde en avant, le premier doigt sur la partie supérieure de la sous-garde, et se tenant prêt à marcher.

L'instructeur qui fait exécuter la course des têtes, désignera le peloton sur les cavaliers duquel les autres devront se régler, et commandera ensuite :

Marche.

A ce commandement, les deux cavaliers qui sont placés sur la piste se mettront en mouvement sans à-coup; aussitôt qu'ils auront dépassé la tête n.° 2 (celle qui est immédiatement à la gauche de leur peloton), ils tourneront à droite, et se porteront droit devant eux, comme s'ils exécutaient un changement de main dans la largeur. Lorsqu'ils arriveront au grand côté opposé, ils tourneront encore à droite, et passeront, toujours en suivant la piste, derrière leur peloton.

En arrivant à portée de la tête n.° 1 (fig. 2), ils déployeront doucement le bras, ajusteront et feront feu; de suite ils replaceront le pistolet dans sa fonte, mettront le sabre à la main et le porteront à l'épaule droite, en continuant toujours de marcher sur la piste; ils passeront derrière le peloton opposé au leur, et lorsqu'ils arriveront à la hauteur de la gauche de ce même peloton, ils feront haut le sabre, comme second rang, et tourneront à droite, comme s'ils voulaient exécuter un changement de direction dans la longueur; ils se dirigeront ensuite l'un contre l'autre, le sabre toujours haut (fig. 3), le croiseront, en se laissant mutuellement à droite, et en faisant un *demi-tour* (fig. 4) pour rejoindre le grand côté sur lequel ils se sont mis en mouvement; en le rejoignant, ils porteront le sabre à l'épaule (fig. 5), et se dirigeront chacun de leur côté, un peu diagonalement à gauche, pour arriver sur la piste un peu en avant de la tête n.º 4. Ils passeront encore derrière le peloton opposé au leur, feront haut le sabre (fig. 6) comme second rang, en arrivant à la hauteur de la gauche de ce même peloton ; et lorsqu'ils arriveront à la portée de la tête n.º 2 (celle qui est à la gauche du premier rang), ils la sabreront verticalement (fig. 7), après quoi ils placeront le sabre vis-à-vis l'épaule gauche, le tenant perpendiculairement, le poignet à hauteur de l'épaule, et à environ six pouces de distance (fig. 8).

Lorsqu'ils arriveront à hauteur de la tête n.º 3, ils donneront le coup de revers, pour la sabrer horisontàlement, en déployant le bras (fig. 9) de toute sa longueur : ils ramèneront ensuite la pointe du sabre en avant, le bras allongé, le poignet tourné en tierce et à hauteur de l'épaule droite, en dirigeant la pointe du sabre sur la tête n.º 4 ; à mesure qu'ils en approcheront, ils ramèneront le coude en arrière, en tournant peu-à-peu le poignet en quarte, et le plaçant près de la hanche droite, le tranchant du sabre en-dessous, la pointe un peu plus élevée que le poignet, et toujours dirigée sur la tête n.º 4 (fig. 10). En y arrivant, ils la pointeront sans à-coup (fig. 11), et l'enlèveront légèrement, en allongeant le bras et le poignet perpendiculaires à l'épaule droite (fig. 12). Ils continueront de marcher ainsi, jusqu'à ce qu'ils soient arrivés à hauteur du peloton opposé à celui d'où ils sont partis. Alors ils feront *halte* (fig. 13), porteront le sabre à l'épaule, et se rangeront à la droite du premier rang de ce même peloton, après quoi ils rendront la tête qu'ils auront pointée (fig. 14), remettront le sabre dans le fourreau (fig. 15), et ajusteront les rênes (et rendront à leurs chevaux).

(N.º 303 *du texte de l'ordonnance*). Quand on voudra que les cavaliers retournent au peloton auquel ils appartiennent, on leur en donnera l'ordre avant de commencer la course; et ils exécuteront ce mouvement en changeant de direction dans la largeur de la carrière, au-lieu de suivre la piste. Ceci doit se faire dans le milieu de la longueur de la carrière, avant que d'arriver au peleton opposé à celui d'où l'on est parti.

Aussitôt que ces deux premiers cavaliers auront fini leur course, ils seront remplacés par ceux de la gauche du second rang de chaque peloton, qui se placeront sur la piste comme les premiers, mettront le pistolet à la main, et se tiendront prêts à se mettre en mouvement au commandement *marche*; et alternativement ainsi ceux du premier et du second rang.

(*Texte de l'ordonnance*, n.º 354). *Les cavaliers, pendant toute la durée de la course, éviteront que la force qu'ils sont obligés d'employer, ne dérange leur position; ils auront attention de se régler constamment l'un sur l'autre, afin d'attaquer les différentes têtes en-même-temps, et de ne mettre aucune*

*espèce de balle dans les pistolets , la bourre
seule suffisant pour abattre la tête à trois pas
de distance.*

Il faudra bien expliquer la course aux cavaliers ; car, quoiqu'ils soient censés confirmés
dans l'instruction précédente, beaucoup se
trompent ; et les chevaux, souvent, font des
difficultés de marcher ainsi seuls, tandis que
les autres sont arrêtés, surtout quand ils passent derrière les pelotons. Il faudra mettre
beaucoup de patience dans cette instruction,
et ne pas souffrir qu'un cheval rentre sans avoir
fait au-moins une course entière sans broncher.
Dans les commencemens, on fera arrêter les
cavaliers sur tous les points où ils doivent changer de direction, faire feu, mettre le sabre à la
main et faire *haut le sabre*, afin de leur mieux
expliquer ce qu'ils ont à faire, et pour qu'ils
s'en souviennent ; car il est bien entendu qu'on
ne fera les courses qu'au pas, jusqu'à ce que
les cavaliers les conçoivent et les exécutent sans
se tromper. Quand ils en seront là, on les fera
exécuter au trot ; et quand ils les exécuteront
bien à cette allure, on passera au galop ; ayant
attention de suivre une gradation dans les allures, telle, qu'on ne passe au trot qu'après
avoir entamé la marche au pas, et qu'on ne
prenne le galop qu'après quelques temps de
trot. On ne souffrira pas que les cavaliers con-
tinuent la course, les chevaux étant faux ou
désunis ; on les fera passer un moment au trot,
et reprendre le galop dans un coin, ou dans

un changement de direction, ou *doublé*, ayant toujours l'attention de leur rappeler les principes.

(N.º 305 *du texte de l'ordonnance*). Le nombre de courses que doivent faire les cavaliers, doit être relatif, d'abord, aux difficultés que les chevaux peuvent faire pour passer près des têtes, desquelles plusieurs sont effrayés; et des autres obstacles qu'ils peuvent apporter, soit, comme je l'ai dit, qu'ils voulussent entrer dans les pelotons, ou qu'ils s'arrêtassent et ne voulussent pas marcher seuls; ensuite, à la conception plus ou moins prompte, ou lente, des cavaliers que l'on instruit, et de l'habitude qu'ils prendront de cet exercice.

Quand chacun concevra bien ce qu'il a à faire, et que les chevaux ne seront plus de difficultés, on fera faire à chaque cavalier au moins *quatre ou cinq courses, suivant qu'on le jugera à propos*; et suivant aussi le temps pendant lequel les chevaux auront déjà travaillé avant de commencer la course; car on doit toujours en agir ainsi, pour calmer les chevaux, et les préparer au travail plus difficile de la course des têtes, et dans lequel on a besoin de chevaux sages et d'aplomb.

(Pendant qu'ils travailleront ainsi en file, comme à la quatrième leçon, on fera mettre le sabre à la main, et on fera prendre toutes les positions et donner tous les coups de sabre usités dans la course des têtes, afin de s'assurer que les cavaliers les prennent, et les don-

nent correctement. On fera exécuter ces mouvemens graduellement en marchant au pas,
puis au trot, et enfin au galop. C'est aussi
pendant ce temps qu'on doit faire tirer quelques coups de pistolets, tantôt à la tête, tantôt
à la queue ou au centre des reprises, pour
habituer les chevaux à ne pas s'en déranger
quand ils seront au galop, et qu'ils ne soient
pas effrayés, quand les cavaliers qui les montent dans la course feront feu sur les têtes).

Il faudra encore, en ceci, ne pas s'écarter
d'une sage progression, et faire exécuter la
course des têtes *à blanc*, jusqu'à ce que les
cavaliers et les chevaux soient bien affermis
dans la manière de l'exécuter *froidement*, à
toutes les allures, surtout au galop, et ne faire
tirer à poudre qu'après s'être préalablement
assurés, par les attentions que je viens d'indiquer, que les chevaux ne s'étonnent plus du
feu, ni du bruit de la détonation.

Quand on aura amené les cavaliers au point
d'exécuter la course avec calme et sang froid,
il faudra, je le répète, continuer de les y exercer souvent; car plus on pourra en amener à
ce degré d'instruction, dans les régimens, plus
on pourra compter avec certitude sur de glo-
rieux succès à la guerre.

Saut du fossé, de la haie et de la barrière.

Après l'instruction de la course des têtes,

on passera à celle des différens sauts; instruction excessivement négligée : il n'est guère de jours, point d'affaires, où, en campagne, on ne se trouve cependant dans le cas de sauter un fossé, franchir une barrière ou une haie, ou tel autre obstacle de cette nature; et malgré qu'on le sache parfaitement, il n'est aucune partie de l'instruction dont on s'occupe moins dans les régimens. Aussi est-il très-rare d'y trouver des chevaux qui ayent bien l'habitude de sauter, et des cavaliers qui sachent employer à propos les principes que l'ordonnance donne pour ces exercices.

Il ne serait cependant ni long ni difficile d'y habituer les uns et les autres; cette leçon n'étant fatigante qu'autant qu'on en abuserait. En y mettant la patience et la progression que l'ordonnance prescrit aux n.ºs 308 et 311, on parviendrait sûrement à amener les chevaux et les hommes au point de franchir aisément des obstacles qui les arrêtent presque toujours maintenant.

(N.º 310 *du texte de l'ordonnance*). Pour parvenir à ce but, on commencera par exercer les cavaliers au saut du fossé, auquel on donnera peu de largeur, d'abord, assez cependant pour mettre les chevaux dans la nécessité de sauter, et non d'enjamber, comme ils le font souvent, quand le fossé le leur permet. Les cavaliers feront sauter leurs chevaux l'un après l'autre, comme il est indiqué au n.º 310 du texte de l'ordonnance; et s'ils refusaient d'obéir aux jambes, il faudrait les pincer vigoureusement des deux, en se liant bien à eux, et les contenant avec le filet pour qu'ils ne se jettent pas de côté. Les instructeurs devront aussi leur montrer la chambrière, et s'en servir avec vigueur s'ils faisaient des difficultés au point de ne vouloir pas sauter. On doit mettre beaucoup de modération et d'à-propos pour infliger cette correction, car souvent des chevaux deviennent rétifs pour avoir été trop battus : au reste, cette leçon ne doit être donnée que par des instructeurs éclairés sur les moyens de dresser les chevaux pour la guerre. Cependant, quelqu'instruit que l'on soit, on doit toujours se défier de ses moyens, et surtout de l'impatience et de la colère, qui aveuglent souvent, au point de ne plus discerner ce qui est profitable d'avec ce qui est nuisible.

A mesure que les cavaliers et les chevaux s'habitueront au saut du fossé, on en augmentera la largeur ; il faut aussi suivre une gradation pour sa profondeur, proportionnée à celle que l'on suivra pour la première de ces dimensions ; pour y habituer de même les chevaux, et pour qu'ils n'ayent pas la facilité de le passer sans sauter, en mettant les deux pieds de devant dans le fossé, et le sautant ainsi, comme l'on dit, *en deux fois.*

Quand un cheval fera des difficultés de sauter, au point de ne pas vouloir approcher du fossé, il faudra le faire précéder par un qui saute

franchement, en le faisant suivre de très-près;
il est rare qu'un cheval, tant soit-il craintif, ne
soit pas entraîné par cet exemple. Il s'en
trouve cependant qui refusent : comme l'essentiel est de leur faire connaître qu'il n'y a
aucun danger, on fera bien de faire mettre pied
à terre au cavalier, qui, le tenant par le bout
des rênes, le précédera, en sautant lui-même
le fossé. (On peut, pour cela, employer un
cavesson). Quand le cheval aura sauté, n'importe de quelle manière, il faudra le caresser beaucoup de la main et de la voix, l'amener sur le bord du fossé, le familiariser enfin
avec son aspect, qui l'effrayait d'abord.

Il ne faudra omettre aucun de ces petits
moyens, avant que d'en venir à un châtiment
qui ne remplit pas toujours le but qu'on se pro-
pose en l'infligeant.

Quand les chevaux sauteront le fossé
franchement, et que les cavaliers employeront
bien à propos les moyens indiqués pour cela,
qui sont de bien enlever son cheval dans la
main et dans les jambes, de bien se lier à lui
dans le moment du saut, en lui rendant entièrement, de le soutenir de la main au moment
où il pose à terre, et de s'asseoir et se relâcher
aussitôt, on passera au saut de la haie, et ensuite à celui de la barrière, qui s'exécutent l'un
et l'autre d'après les mêmes principes, mais qui
diffèrent beaucoup du saut du fossé, en ce qu'il
faut encore plus d'accord et d'ensemble dans
l'action de la main et des jambes. (*Voyez les*

n.ºs 3o6, 3o7, 3o8 et 3o9 *du texte de l'ordonnance*).

En arrivant à la haie (ou à la barrière), chaque cavalier enlevera son cheval, en formant un demi-temps d'arrêt, et portant la main en avant, sans la baisser; cette action enlève le devant : pendant ce temps, les jambes doivent décider, par leur action immédiate, le cheval à s'asseoir un peu sur ses hanches et à s'enlever sur ses jarrêts pour franchir la barrière. Au moment où le cavalier sent que son cheval s'enlève, il doit rendre tout-à-fait la main, et augmenter l'effet des jambes. Aussitôt que les pieds de devant posent à terre, il faut assurer moëlleusement la main pour soutenir le cheval.

Dans le moment du saut, la position verticale du cavalier ne doit pas changer; il doit mettre une grande souplesse dans les reins, bien assurer son corps, en *se liant au cheval des cuisses, des jarrêts et des gras de jambes, en s'asseyant, et portant,* surtout, *la ceinture bien en avant* à l'instant de la détente des jarrêts. Si le cavalier négligeait ces attentions, il pourrait être désarçonné par le coup de reins que donne le cheval pour lancer la masse en avant.

On suivra, pour le saut de la haie et de la barrière, une progression dans leur hauteur, relative *à l'habitude que les cavaliers et les chevaux* en prendront, et on aura les mêmes attentions pour ceux de ces derniers qui seraient des difficultés de sauter, que dans le saut du fossé. C'est toujours par la patience et des moyens de douceur, qu'on parviendra le plus sûrement à corriger les chevaux qui s'obstineraient à ne vouloir pas sauter ; car ces défauts ne viennent presque jamais de vices de caractère, mais presque toujours de l'état de souffrance des reins et des jarrets, ou de la frayeur que leur causent les objets qu'on veut leur faire franchir, surtout dans les chevaux dits *voyans*, chez lesquels l'organe de la vue est conformé de manière à n'apercevoir les objets que lorsqu'ils arrivent dessus (c'est ce qui constitue la *miopie*), et c'est ce qui fait qu'ils s'en effrayent ainsi. Dans d'autres, c'est le contraire ; ils aperçoivent ces mêmes objets de très-loin (ce dernier vice constitue la *presbicie*), et la peur les leur exagérant, ils s'en effrayent au point de ne pas vouloir en approcher. On sentira parfaitement que, pour corriger de tels chevaux, et atténuer autant que possible ces vices de conformation de la vue, il ne faut pas les battre, mais au contraire user de tous les moyens de douceur possibles, pour les amener au point de prendre de la confiance en leurs cavaliers.

Quand les chevaux sauteront bien le fossé, la haie et la barrière par un, on les leur fera sauter par deux, en commençant toujours par le saut du fossé, comme étant le plus aisé, et finissant par celui de la barrière, comme le plus difficile. Les deux cavaliers qui sautent ensemble, doivent bien avoir attention d'arriver en-même-temps au fossé (à la haie ou à la barrière), et de préparer leurs moyens de manière à ce que leurs chevaux sautent en-même-temps.

Quand il y aura quelques-uns de ces derniers qui ne seront pas encore bien confirmés dans cet exercice, il sera sage de les mettre avec ceux qui sautent bien, parce qu'il est peu de chevaux que l'on ne conduise partout en marchant deux à deux; surtout quand, dans ces deux, il s'en trouve un bien dressé et tranquille.

(N.º 312 *du texte de l'ordonnance*). Quand les chevaux sauteront par deux sans faire de difficultés, et que les cavaliers seront aussi bien accoutumés à ces mouvemens, on les fera sauter par quatre, toujours avec l'attention de disséminer les chevaux les moins dociles dans les rangs de quatre de ceux qui sautent franchement, et de suivre une gradation pour le nombre de fois qu'on les fera sauter, proportionnée au temps qu'ils auront employé à ces leçons, et à l'habitude qu'ils en auront pris.

(N.º 313 *du texte de l'ordonnance*). Enfin, quand on les aura amenés au point de bien sauter par quatre, on les fera sauter par rang de peloton; les cavaliers doivent bien contenir leurs chevaux, et faire en sorte qu'ils sautent tous à-la-fois; ils doivent bien prendre garde, surtout, de les laisser s'embarrasser dans le fossé, ou la barrière; parce que, dans cette circonstance, une chute est très-dangereuse. Les instructeurs veilleront à ce qu'il n'y ait pas de cavaliers qui dépassent l'alignement du rang, de manière à arriver avant les autres, soit au fossé ou à la barrière, pour ne pas rompre ainsi l'ensemble, qu'il faut autant que possible chercher à obtenir.

(Faire sauter une troupe sur deux rangs, ne diffère en rien de la manière de la faire sauter par rang; puisque le second rang reste en arrière jusqu'à ce que le premier ait sauté).

Tous ces différens sauts devront se faire au petit trot, jusqu'à ce que les cavaliers en soient au point de bien faire sauter leurs chevaux au trot ordinaire. Je le répète encore, ce n'est qu'en suivant une sage progression en tout, qu'on parviendra à exécuter tout ce que prescrit l'ordonnance, depuis l'allure la plus lente, jusqu'à la plus rapide.

Dans la leçon du saut, ce sont ordinairement les chevaux qui y apportent le plus de difficultés; il faut, dans l'instructeur qui dirige le travail, une grande habitude des chevaux, jointe à beaucoup de connaissances, pour discerner les vices de caractère de ces animaux avec les défauts qui peuvent provenir, ou de la vue, ou de l'état de souffrance des reins et des jarrêts, comme je l'ai déjà dit; ou bien encore d'autres vices de conformation; car avec ceux qui se trouvent dans ce dernier cas, le châtiment augmentant leur frayeur, ne peut produire que de mauvais effets ; tandis qu'avec ceux dont les vices tiennent au moral, tels que l'impatience, le caprice, l'humeur, la colère, etc....., il devient nécessaire ; mais il faut user d'une grande circonspection pour l'infliger.

« On ne saurait prendre trop de précau-
» tions (c'est M. de Montfaucon qui parle),
» ni faire trop d'attention à l'espèce et au de-
» gré de châtiment, ainsi qu'à l'instant qu'il
» faut saisir pour le faire : cet instant perdu
» se répare difficilement : la correction qui
» vient trop tard après la faute augmente
» l'humeur et la colère des chevaux, et au-
» lieu de corriger leur désobéissance, elle les
» excite et les provoque à se défendre encore
» davantage. La patience la plus constante,
» et la douceur la plus grande doivent diriger
» la correction, qu'on ne doit cependant pas
» épargner lorsqu'elle est nécessaire ; car un
» vice impuni dans son principe prendrait de
» nouvelles forces et des racines si profondes,
» qu'il serait presqu'impossible par la suite
» de le détruire.

» On doit encore observer que presque
» toutes les défenses des chevaux n'étant
» dangereuses que lorsqu'ils résistent à l'action
» des jambes, le principal objet qu'on doit se
» proposer, est de les déterminer à se porter
» en avant. Lorsqu'on a une fois sur eux ce
» point, il est très-probable qu'on parviendra
» à les rendre obéissans sur tous ; pourvu ce-

» pendant, qu'on ne se presse pas; on doit
» au contraire les tenir long-temps aux opé-
» rations qui leur sont les plus aisées, afin de
» leur donner le temps de bien connaître l'ef-
» fet des aides ».

(*Texte de l'ordonnance, n.° 314*). *S'il y a
un chemin inégal et difficile qui conduise à
la carrière, on le suivra quelquefois de préférence, comme moyen d'exercice utile pour
une troupe à cheval, et dans lequel les hommes
et les chevaux s'habitueront à traverser toute
sorte de terrain avec adresse et tranquillité.*

On doit user souvent de cette méthode, non-seulement pour se rendre à la carrière, mais encore dans toutes les occasions possibles. Il serait même très-profitable, après avoir bien exercé les hommes et les chevaux aux différens sauts du fossé, de la haie et de la barrière, et les avoir bien confirmés à ces exercices dans le manège, ou dans une carrière destinée à ce travail, de les mener dans la campagne, et les faire sauter chaque fois un nouveau fossé, une nouvelle haie ou barrière, et autres obstacles de ce genre; toutefois en ne s'écartant pas de la progression indiquée, et en prenant toutes les précautions possibles pour éviter les accidens, et ne pas compromettre la santé des chevaux.

Il arrive très souvent qu'un cheval bien dressé à tous les exercices qui viennent d'être détaillés, exécutant la course des têtes sans broncher, sautant franchement le fossé, la

haie et la barrière préparées à cet effet dans
le lieu habituel du travail, est cependant effrayé d'un objet qu'il voit pour la première
fois, et auquel il n'est point accoutumé, qu'il
refuse de le franchir, souvent même d'en
approcher : je dis donc qu'il serait très-profitable à l'instruction des hommes et des chevaux de les mener souvent dehors, dans la
campagne, et de les exercer à sauter, à franchir toute espèce d'obstacles, tels que fossés,
ravins, terreaux, buissons, haies vives ou pa-
lissades, etc., etc... Mille objets auxquels les
chevaux ne sont point accoutumés, leur donnent de l'ardeur, de la gaîté, les animent ou
les effraient, et les rendent enfin si différens
de ce qu'ils sont dans un manège, ou sur le
terrain où ils travaillent habituellement, que
souvent les meilleurs cavaliers, qui ne les auraient jamais monté dehors, se trouvent très-
embarrassés pour les faire obéir. On sentira
parfaitement que pour les amener au point de
ne plus s'étonner de rien, il faut réitérer souvent cette instruction; mais avec tous les ménagemens et les attentions qu'il sera possible
de prendre pour ne point entraîner la ruine
des chevaux, et éviter des accidens plus ou
moins funestes aux hommes.

Il faut une patience inaltérable et la plus
grande prudence pour diriger ce travail. Celui qui en est chargé doit, par la supériorité
de ses connaissances en cavalerie, autant que
par l'autorité que lui donne son grade et son

caractère d'instructeur, avoir un ascendant marqué sur les cavaliers qu'il instruit, quels qu'ils soient, afin de les empêcher d'anticiper sur la progression établie, en abusant des moyens des chevaux qu'ils montent; ou bien en les maltraitant inconsidérément, quand il ne faut que de la patience et des moyens raisonnés pour les amener à l'obéissance.)

(Suite du n.° 314 du texte de l'ordon-nance). On fera marcher le peloton de front et par quatre dans ce terrain difficile, et on aura attention que les chevaux ne changent point d'allure pour descendre dans les parties basses, ni pour monter celles qui sont plus élevées; on recommandera à cet effet aux cavaliers, d'avoir toujours la main légère et les jambes près sans les fermer.

Si le terrain ne présente point d'obstacles, il sera bon d'en disposer quelquefois d'artificiels.

Quand on voudra donner cette instruction aux cavaliers avec fruit, il faudra toujours les mener dans des lieux où la nature, ou des soins ruraux auront disposé eux-mêmes des obstacles; tous ceux qu'on pourrait disposer sur un chemin ou sur un terrain de manœuvres ne rempliraient jamais aussi bien le but qu'on doit se proposer dans cet exercice.

Un terrain inculte, (momentanément, s'il n'y en a pas d'autre), montueux et coupé, est le plus propre à cela.

De la charge individuelle.

Quand on aura amené les cavaliers à un degré d'instruction tel, qu'ils exécutent franchement et sans désordre tous les mouvemens et évolutions contenus dans la sixième leçon, et qui viennent d'être développés, on leur donnera les premiers principes de la charge, en faisant charger chaque file l'une après l'autre, ainsi qu'il est détaillé aux N.os 315, 316 et 317, et démontré à la planche 65. (*Voyez l'ordonnance*).

C'est une branche de l'école du cavalier encore bien négligée; et cependant, personne ne doute de l'indispensable nécessité où sont les cavaliers de savoir charger. Quoique ce ne soit pas difficile, encore faut-il savoir le faire avec principes, et surtout avec calme et aplomb; savoir conduire par degrés son cheval, depuis le train le plus lent jusqu'à son plus haut degré de vîtesse; et nonobstant l'impétuosité du mouvement, pouvoir le diriger sur un point déterminé, et s'en rendre tellement maître, que l'on puisse toujours ralentir et arrêter à volonté, dans une progression relative à l'éloignement ou au rapprochement du point ou de l'objet sur lequel on dirige la charge. C'est surtout cette progression qu'il importe de bien faire observer, tant pour la conservation des chevaux, que pour accoutumer les cavaliers à les tenir rassemblés, et à ne pas se laisser emporter par eux au-delà d'un but déterminé. Il sera toujours plus facile de leur faire concevoir ces principes, et de les leur faire observer dans la charge individuelle, que dans la charge par peloton, où l'on ne peut obtenir qu'ils s'y conforment, si on a négligé de les y affermir individuelle-ment.

Tous les officiers et sous-officiers instruc-teurs devront se trouver à cette leçon.

Pourquoi ne la donnerait-on pas aussi à tous les cavaliers ? La force d'un régiment ne consiste-t-elle pas autant dans l'adresse et la dextérité des hommes à conduire et à diriger leurs montures, que dans leur courage et la bonté et la vigueur des chevaux qu'ils mon-tent ; dans la facilité qu'ils auront de les lancer en avant, de les arrêter, de se rompre en pe-tites troupes, et de se reformer aussitôt en masse ? Dans l'ensemble, l'union et l'impétuo-sité de cette même masse dans la charge ?.... Et pour obtenir ces résultats, n'est-il pas es-sentiel d'y habituer les cavaliers de longue-main, par un exercice qui devient le simu-lacre d'une véritable charge, et qui les pré-parera par degrés aux charges par escadrons, si importantes à bien exécuter, et qui ne sont que les résultats de la patience et des soins, (ou de la précipitation et de la négligence*),

---

(*) Et dans ce cas, on peut préjuger quels seront ses résultats.

que l'on apporte à l'instruction individuelle des cavaliers qui les composent?

Celui qui est à la tête de l'instruction d'un corps de cavalerie, s'il se pénètre bien de l'influence que peut avoir l'école du cavalier sur la réputation et les succès d'un régiment, se gardera bien d'éluder en rien tout ce que prescrit l'ordonnance pour l'instruction individuelle des cavaliers, mais y ajoutera au contraire, tout ce que l'expérience lui aura démontré pouvoir contribuer à cette instruction, et coïncider avec les documens propres de l'ordonnance.

On fera exécuter la charge individuelle, comme il est prescrit aux numéros précités, (*Voyez école pour la charge individuelle, 6.e leçon*), ayant attention que les cavaliers ne changent d'allure qu'au commandement des instructeurs placés de distance en distance, sur les points où l'on doit passer du pas au trot, du trot au galop, et enfin où l'on doit charger.

Au moment où les cavaliers lanceront leurs chevaux, ils doivent bien se garder de les pincer de l'éperon, ou même seulement de les attaquer brusquement avec les jambes : il faut augmenter graduellement de vîtesse, jusqu'au plus haut degré que les chevaux puissent prendre, et bien se garder encore de les abandonner en leur rendant au point de laisser flotter les rênes ; il faut toujours être prêt à soutenir son cheval, dans le cas où il vien-

drait à *butter*, ou à broncher de telle autre
manière; parce qu'une chute, en pareil cas,
est excessivement dangereuse, et peut d'ailleurs, en troupe, rompre l'ensemble et l'unité
qui doivent régner dans une charge, et avoir,
par cette raison, les conséquences les plus fâcheuses.

(On sait que c'est dans le travail individuel qu'il faut s'occuper de prévenir les fautes
que la témérité et l'ignorance peuvent occasionner dans les escadrons).

Au moment où les cavaliers font haut le
sabre, c'est-à-dire au commandement *chargez*,
ils doivent bien éviter de porter le corps trop
en avant, et de déranger leur assiette, en se
portant sur leurs étriers. Ils doivent conserver
leur aplomb, parce que c'est dans le moment
d'un choc vigoureux qu'on en a le plus besoin;
les coups, d'ailleurs, en sont plus sûrs, et on
est plus à même de parer ceux de l'ennemi.

La méthode de s'enlever sur ses étriers, et
de porter le haut du corps en avant, dans
une charge, ou toute autre course rapide, est
extrêmement vicieuse; d'abord parce qu'elle
met le cavalier hors de son assiette et de son
aplomb, lui ôte les moyens de gouverner
son cheval, et peut faire tomber celui-ci, en
surchargeant son avant-main de tout le poids
du corps de l'homme, qui se joignant à
l'impulsion que lui donne la rapidité de la
course, peut lui faire faire *le panache* au

moindre contre-temps. On sait d'ailleurs que plus l'avant-main est chargée, moins les membres antérieurs ont de facilité à se dégager de dessous le corps pour suffire à sa propre impulsion et venir au secours de la masse, rapidement lancée par la détente des jarrets. Le cheval, dans ce cas, perd donc de sa vîtesse.

On doit, à-la-vérité, dans le moment de la charge, prendre un point d'appui ferme sur ses étriers, et donner une légère impulsion en avant au haut du corps; mais sans perdre son assiette, en se liant bien à son cheval des cuisses et des jarrets, et en fermant les jambes pour le lancer de toute sa vîtesse, en-même-temps que la main sera prête à le soutenir, dans le cas où ses jambes de devant viendraient à fléchir.

Pour ralentir l'allure de leurs chevaux, les cavaliers suivront une progression inverse à celle qu'ils auront dû suivre en commençant la charge : ils commenceront par faire cesser graduellement l'effet des jambes, en s'asseyant et se relâchant du bas du corps; puis formant des demi-temps d'arrêt, la main haute, pour asseoir un peu le cheval et lui faire reprendre le galop soutenu, que l'on continuera jusqu'à l'avertissement *garde à vous*, auquel on passera au trot, sans à-coup, en portant le sabre à l'épaule. Au commandement *peloton*, on passera au pas, toujours en observant la progression établie; et enfin on s'arrêtera à celui de *halte*; s'alignant aussitôt à droite, d'après le commandement qui en sera fait. (*Voyez l'ordonnance, n.º* 317).

Chaque file du peloton chargera ainsi successivement deux ou trois fois, suivant le temps pendant lequel on aura travaillé avant.

Les cavaliers du second rang doivent bien avoir attention d'être toujours à leur distance de ceux du premier, afin d'éviter les atteintes, qui sont dangereuses toujours en proportion de la vitesse de l'allure. Ils observeront aussi d'être toujours exactement derrière leur chef de file, et de se régler sur lui pour la progression des allures, surtout pour le ralentissement du galop.

On pourrait, quand on aura amené les cavaliers au point de bien exécuter la charge par file, les y exercer par deux, puis par quatre, et enfin tout le peloton à-la-fois; en suivant encore en ceci, une progression telle, qu'on ne fasse charger par quatre que lorsqu'ils chargeront bien par deux; et par peloton, que lorsqu'ils chargeront bien par quatre. Au reste, cette observation n'est, comme beaucoup d'autres que je me suis permises, qu'indicative des moyens que l'on pourrait employer pour améliorer et accélérer l'instruction parfaite des cavaliers.

A cette dernière instruction se termine l'École du cavalier, si importante à bien diriger, et de laquelle il est également dangereux de se reposer sur celui qui n'aurait que la routine de la pratique, ou sur celui qui ne posséderait que la théorie. « C'est une erreur, » dit M. de Bohan, de croire que l'une ou » l'autre peut suffire pour être maître dans » un exercice de corps; il faut avoir pratiqué » (étudié), et senti pour acquérir un tact qu'il » faut communiquer ».

Quoique l'ordonnance dise, n.° 318, qu'on *exercera plus particulièrement au galop et à la course des têtes les sous-officiers instructeurs et les cavaliers désignés pour les remplacer, ainsi que les chasseurs et hussards, qui par leur institution, sont plus susceptibles d'être employés en tirailleurs*, on ne doit cependant pas négliger d'y exercer de même les cuirassiers et dragons, lanciers, etc., et enfin tous les corps qui font la guerre à cheval ; car, qui peut répondre que les vicissitudes d'une campagne ne mettront pas tel corps dans la nécessité de se suffire à lui-même, et de tirer de ses rangs les tirailleurs, flanqueurs et éclaireurs qui lui sont nécessaires ? Ne peut-il se trouver dans le cas de faire une charge en fourrageurs, ou sur de l'infanterie déjà dispersée ?... Et enfin, n'est-il pas mille autres circonstances où un cuirassier, carabinier, dragon etc....., peut se trouver avoir besoin de faire le coup de sabre, comme un chasseur ou hussard ? Et pour ces sortes de combats, la chose la plus essentielle n'est-ce pas de savoir bien conduire et manier son cheval, et en obtenir tous les mouvemens que peuvent nécessiter les différentes attaques d'un ennemi adroit et aguerri ? D'ailleurs, et je le répète peut-être pour la dixième fois, c'est de l'instruction individuelle des cavaliers qui composent un corps, que naissent l'ordre, l'ensemble et l'union des masses.

Il doit s'en suivre, de ces considérations, l'indispensable nécessité d'exercer tous les cavaliers, de quelque arme qu'ils soient, au travail au galop, *à la course des têtes* et *à la charge individuelle;* en y apportant cependant, chacun dans son corps respectif, les modifications que rendront nécessaires, l'arme, l'espèce de chevaux, en général, et en particulier, l'espèce d'hommes.

Je termine ici ce petit Ouvrage, où, en essayant de développer les principes de l'ordonnance, et y ajoutant les remarques que j'ai pu faire pendant le cours de mon instruction personnelle, et celles qu'un peu d'expérience, jointe à un grand désir de m'instruire de mon noble métier, a pu me suggérer, je n'ai pas prétendu donner des principes et des règles comme venant de moi; j'en fais hommage aux dignes officiers auxquels mon instruction militaire a été confiée pendant mon séjour à l'École royale de cavalerie; et c'est avec reconnaissance que je trace le nom de M. le lieutenant-général Comte de La Ferrière, dont l'active surveillance, le talent éminemment militaire, les connaissances en cavalerie les plus étendues, jointes à des soins actifs et à une sollicitude éclairée, m'ont mis à même de profiter, autant que je l'ai pu, des excellentes leçons des officiers instructeurs alors sous sa direction.

Si ce tribut de la reconnaissance n'est pas au-dessous de celui à qui il est adressé, et si ce faible Ouvrage, fruit de mon travail et de mon zèle pour l'amélioration de l'arme où j'ai l'honneur de servir, peut être de quelque utilité à ceux qui veulent parcourir la carrière de l'instruction, j'aurai atteint le but que je me suis proposé, et ce sera pour moi la plus flatteuse récompense.

FIN DE L'ÉCOLE DU CAVALIER A CHEVAL.

DE LA CONNAISSANCE
DE L'AGE DES CHEVAUX.

GÉNÉRALEMENT on se flatte d'avoir des lumières sur l'appréciation juste de l'âge du cheval ; mais généralement on n'a que des idées très-vagues, surtout si la nature, dans le développement et l'usure de la dent, s'éloigne des lois et de la route qu'elle semble s'être prescrite elle-même. Pour simplifier, autant qu'il sera possible, cette matière assez obscurcie par la manière dont elle a été traitée par presque tous les auteurs, et asseoir un jugement moins incertain sur cet important objet, il est nécessaire de donner quelques notions sur l'anatomie des dents. Cette première étude doit servir de guide dans les nombreuses exceptions que la dentition subit, soit par le fait de la nature, ou par celui de la main de l'homme.

Anatomie.

Les dents sont molles dans leur origine ; elles se durcissent insensiblement dans les alvéoles des os maxillaires, sans cependant s'ossifier avec eux.

'Trois substances les forment : une est appelée *éburnée,* semblable à l'ivoire ; une autre *osseuse,* participant en effet de la nature de l'os, et beaucoup moins blanche que la première. Enfin, la troisième nommée *corticale.* La couleur de celle-ci est noirâtre (son existence, niée par quelques hippiatres, ne mérite, pour nous, aucune attention).

La substance *éburnée* est la seule visible, lorsque les dents sortent des alvéoles ; mais dès que le frottement a détruit ses lames superposées, on aperçoit, 1.º la substance *osseuse,* présentant une couche d'autant plus large, que l'animal est plus vieux, placée entre la circonférence et le centre de la dent; 2.º un petit cercle de substance éburnée, et 3.º, enfin, au milieu de ce cercle un point osseux, ou bien la trace du germe de fève.

Chaque dent se divise en trois parties, savoir : *le corps,* ou la partie externe ; *la racine,* ou la partie enchassée dans l'alvéole ; *le collet,* ou le point de séparation de *la racine* et *du corps.*

Le corps comprend *la table* et *les côtés.* La table est la partie de la dent où s'opère le frottement de l'une contre l'autre. Les côtés forment le pourtour de la dent; ils sont revêtus de substance *éburnée* ou *émail;* ils présentent des sillons, ou cannelures, qui s'effacent avec l'âge.

La racine se termine en une seule pointe, dans les incisives, et en plusieurs dans les molaires.

Elle loge dans son milieu une substance blanchâtre, qui la nourrit et lui donne sa sensibilité. Cette substance blanchâtre, qui n'est autre chose qu'un nerf, se nomme *pulpe de la dent*.

Nombre et divisions des dents.

Les dents, au nombre de quarante dans les chevaux, et de trente-six dans les jumens, sont divisées en *incisives*, en *crochets* ou *angulaires*, en *molaires* ou *machelières*.

Les *incisives* se subdivisent en *pinces*, en *mitoyennes* et *coins*. Chaque mâchoire a deux pinces, deux mitoyennes, deux coins, deux crochets et douze molaires.

Les dents incisives sont presque plates dans la jeunesse, le bord interne est moins épais et moins élevé que l'externe ; quelquefois même il est échancré. Elles s'arrondissent en vieillissant, deviennent plus jaunes et plus longues.

Les *crochets* sont ordinairement pointus, et présentent trois arrêtes, qui leur donnent une forme angulaire, d'où dérive le nom qu'on leur a ajouté. La substance éburnée les recouvre entièrement dans le commencement de l'âge adulte ; mais la substance osseuse paraît à mesure que le cheval vieillit ; ils sont habituellement sortis à cinq ans ; c'est alors que le poulain prend le nom de cheval.

CONNAISSANCE DE L'AGE.

Progression de l'éruption des dents de lait.

Quelques jours après que le poulain est né, on voit percer les quatre pinces, deux en haut et deux en bas ; peu de temps après, les quatre mitoyennes, également deux dessus et deux dessous ; et du troisième au cinquième mois, les quatre coins ; de manière que toutes ces dents sont développées et au niveau les unes des autres à six mois.

Progression de l'usure des dents de lait.

Les dents de lait sont plus blanches, plus petites et plus plates que celles de cheval qui leur succèdent ; elles ont toutes des cavités. Leur bord externe est plus élevé que l'interne, et la substance éburnée recouvre la substance osseuse. Elles ne restent pas long-temps dans cet état ; les bords s'usent progressivement, les cavités disparaissent, et la substance osseuse devient visible ; de sorte qu'à un an, ou un an et demi, les *pinces* ont *râsé ;* à deux ans, ou deux ans et demi, les *mitoyennes,* et entre trois et quatre ans les *coins.*

L'usure des dents de lait est évidemment essentielle à connaître. Les avantages de cette connaissance sont, non-seulement la certitude de l'âge du poulain, mais encore l'assurance de pouvoir éviter les piéges que nous tendent les macquignons : ceux-ci, en effet, pour vieillir un jeune animal, et le vendre plus cher, lui arrachent les *pinces* à dix-huit mois ou deux ans, les *mitoyennes* à deux, ou deux ans et demi, et les *coins* à trois ans ; de sorte qu'un poulain de trois ans paraît en avoir cinq.

Chute et remplacement des dents de lait.

A deux ans, ou deux ans et demi, les quatre *pinces* font place à quatre autres, rangées dans le même ordre, et appelées aussi *pinces*. A trois ans, ou trois ans et demi, les *mitoyennes*, et à quatre ans et demi, ou cinq ans, les *coins* ; de sorte qu'à cinq ans révolus, toutes les dents de remplacement sont au niveau les unes des autres. La cavité des *coins* est toute fraiche, et la substance éburnée recouvre encore la substance osseuse, tandis qu'il ne peut en être de même des *pinces* et des *mitoyennes* ; qui ont déjà servi à la mastication, les premières pendant deux ans et demi, au-moins, et les dernières pendant deux ans ou dix-huit mois.

Progression de l'usure des dents de cheval.

A cinq ans, les dents de remplacement ont toutes des cavités, mais pas également fraiches. A six ans révolus, les *pinces* n'en ont plus ; on dit alors qu'elles ont *rasé*. A sept ans, les *mitoyennes* rasent à leur tour; et à huit ans, les *coins*. De manière qu'à cet âge le cheval ne marque plus de la mâchoire postérieure. Mais comme les dents d'en haut, moins exposées à l'effet du frottement, ont encore des signes décisifs sur l'âge, nous pouvons en avoir des renseignemens jusqu'à douze ans. En effet, les *pinces* ont, à huit ans, un reste de cavité qui a disparu à neuf, celui des *mitoyennes* à dix, et enfin, celui des coins de dix à onze, et quelquefois seulement à douze.

Les renseignemens que fournissent les crochets n'ayant rien de décisif, sont accessoires seulement. Ils peuvent d'autant moins présenter de règles sûres, que certains chevaux en sont privés, et que bien des jumens en ont (*). Dans la vieillesse, ils sont arrondis, émoussés, et ont perdu jusqu'à la trace de leurs arêtes.

A l'égard du *germe de féve*, petit point noir qui reste au milieu de la dent, quelquefois même après qu'elle a rasé, il n'est d'aucune importance pour la connaissance de l'âge.

Après douze ans, on peut juger de la vieillesse du cheval par la situation et la direction de ses dents incisives : elles semblent porter

---

(*) On nomme *bréhaignes* les jumens qui ont des crochets, par l'opinion où étaient les Anciens, qu'elles étaient stériles: ce nom, dans son étymologie, indiquant la privation de la faculté de se reproduire. On le leur a conservé pour les distinguer des autres.

moins d'aplomb les unes sur les autres, s'avancer sur le devant de la bouche, particulièrement celles de la mâchoire postérieure. Elles deviennent presque rondes, jaunâtres et chargées à leur collet d'une espèce de tartre.

Des dents molaires.

Elles se divisent en *avant* et *arrière molaires*; les *avant-molaires* tombent, et sont remplacées par d'autres; les *arrière molaires* sont *permanentes*.

Le poulain en a trois à chaque côté de chaque mâchoire en naissant, et à six ans il les a toutes.

Quoique les molaires, dans les différens termes de la vie, surtout dans la jeunesse, puissent être de quelque secours pour la connaissance de l'âge, je crois convenable d'en dire peu de chose dans cette analyse. La diversité d'opinions des hippiatres qui en ont parlé, tels que La Fosse, Girard, etc., me donne quelques droits à ce silence. Au reste, les données qu'offrent les changemens qui les frappent, sont d'un mérite très-secondaire.

Chute des dents de cheval.

De vingt à vingt-deux ans, les premières molaires tombent, ou montrent leurs racines. De vingt-trois à vingt-cinq ans, les secondes, les troisièmes et les quatrièmes sont dans le même cas; à vingt-six ans, les cinquièmes, et plus tard les sixièmes.

Les *incisives* ne tombent que dans l'extrême vieillesse.

Mais on est rarement dans le cas d'avoir recours à ces derniers renseignemens. Les fatigues, l'usure, les accidens de toute espèce, et les combats, épargnant pour l'ordinaire aux chevaux de troupe les désagrémens de la vieillesse.

Des chevaux bégus.

Les chevaux bégus sont ceux dont toutes les dents, ou quelques-unes seulement, ne rasent jamais : d'après *Bourgelat*, il en est de trois espèces. La première comprend ceux qui marquent toujours, et à toutes les dents ; la seconde, ceux qui marquent toujours aux mitoyennes et aux coins seuls ; la troisième est formée de ceux en qui les coins ne rasent jamais.

Il est aisé de reconnaître les chevaux bégus des première, deuxième et troisième espèces, en comparant les cavités des dents. En effet, l'égalité de la cavité des unes et des autres est une preuve qu'il est bégu de la première espèce ; celle de la cavité des mitoyennes et des coins, indique qu'il l'est de la deuxième. Quant à celui de la troisième, il faut recourir aux dents de la mâchoire antérieure, dont peut-être il ne sera pas bégu ; si le contraire arrive, il faudra se rattacher à d'autres signes, et conclure que celui reconnu bégu de toutes les dents de la mâchoire postérieure, a au-moins huit ans; et qu'il en a douze, s'il l'est des dents de l'autre mâchoire.

Il ne faut pas oublier qu'un cheval peut être bégu des pinces, ou des mitoyennes seule-ment; mais alors il est très-aisé de déterminer son âge, parce que les dents dont il n'est pas bégu nous l'indiquent suffisamment.

Les macquignons rajeunissent les chevaux en les contremarquant, c'est-à-dre, qu'ils pra-tiquent, à l'aide d'un burin, ou d'un fer chaud, de fausses cavités aux dents d'un cheval qui a déjà rasé de la mâchoire postérieure. Mais les traits du burin, la facilité que l'on a d'enlever le germe de fève imité avec de l'encre grasse, qui a été vidée dans la cavité factice, ou l'impression du feu, remarquable par le cercle jaunâtre qu'on aperçoit à l'entour du trou fait dans la dent quand elle a été brûlée, garantis-sent aisément du piége.

RÉCAPITULATION DE L'AGE.

Progression de la sortie des dents.

Quinze jours après la naissance du poulain, il lui sort quatre *pinces*, deux en haut et deux en bas.

Quinze autres jours après, quatre *mitoyen-nes*, également deux en haut et deux en bas.

Du troisième au quatrième mois, sortent les quatre *coins*.

Six mois après la naissance, toutes ces dents ont des cavités, et sont au niveau les unes des autres.

Progresion de l'usure des dents de lait.

A un an ou dix-huit mois, les cavités des pinces de la mâchoire postérieure ont disparu.

A deux ou deux ans et demi, les cavités des mitoyennes ont disparu également.

Entre trois et quatre ans, celles des coins.

Chute des incisives de lait.

A deux ans, ou deux ans et demi, les pinces de lait tombent, et sont remplacées par celles de cheval.

A trois ans, ou trois ans et demi, la même chose arrive aux mitoyennes.

A quatre ans et demi, ou cinq ans, les coins subissent le même sort.

A cinq ans révolus, les incisives de remplacement sont au niveau les unes des autres, et ont toutes des cavités.

Progression de l'usure des dents de remplacement.

A six ans, les pinces de remplacement n'ont plus de cavité.

À sept ans, les mitoyennes.
À huit ans, les coins.
À neuf ans, les pinces d'en haut.
À dix ans, les mitoyennes.
À onze, ou douze ans, les coins.

DES ROBES,

ET DES SIGNALEMENS DES CHEVAUX.

LES signalemens des chevaux étant une chose très-difficile, en raison de la variété des *robes*, du peu d'ordre que les différens auteurs d'hippiatrique ont mis dans leur désignation, et du nombre prodigieux d'exceptions qu'ils admettent ; et l'*ordonnance provisoire* de cavalerie n'ayant donné à cette branche de l'instruction que bien peu d'étendue, et ce qu'elle en dit ne pouvant suffire pour donner une idée nette des signalemens ; j'ai cru qu'il ne serait pas hors de mon sujet d'ajouter, dans cet Ouvrage, quelque chose à cette partie des bases de l'instruction, en observant toutefois de ne pas m'écarter de l'esprit de l'ordonnance.

Les robes se divisent en *simples* et *composées* ; les simples ne présentent qu'une seule et même nuance de poils : celles composées en présentent de deux ou trois couleurs.

On est convenu que de quelque couleur que

soient les poils des extrémités, et les crins de l'encolure et de la queue, ils n'empêcheraient pas une robe d'être simple, pourvu qu'il y ait uniformité de nuance sur le reste du corps.

Robes simples.

Les robes simples sont : le *noir*, le *blanc*, le *bai* et l'*alsan*.

Le *noir* se divise en *noir mal teint*, *noir-franc* et *noir-jais*.

Le *noir mal teint* a ordinairement une couleur roussâtre, surtout aux flancs et aux fesses. Quand c'est une nuance blanchâtre, on dit que le cheval est *lavé*, en désignant toujours la partie où existe cette particularité. Cette expression s'applique également aux autres robes.

Le *noir franc* est celui qui présente une nuance uniforme d'un noir intense et foncé ; le poil est ordinairement toujours plus long que dans le *noir-jais*.

Le *noir-jais* est celui qui, d'un très-beau noir, a un reflet brillant qui varie selon les effets de la lumière ; semblable en cela, au jais dont on fait des ornemens.

Le *blanc* (*) se divise en *blanc de lait*,

______

(*) Plusieurs auteurs n'admettent le blanc qu'avec l'âge ; Garçault, entr'autres, pense qu'il peut exister dès la naissance.

On en a eu des exemples : la désignation de ses nuances, qu'on trouve chez presque tous les auteurs, le prouve.

ou *mat*, en *blanc-argenté* et *blanc-porce-laine*.

Le *blanc de lait* est terne comme de la craie ou du lait, comme l'indique son nom.

Le *blanc argenté* offre un reflet brillant, comme si chaque poil était un petit filament d'argent, surtout au soleil.

Le *blanc-porcelaine* a une teinte bleuâtre, que lui donne la couleur ordinairement noire de la peau.

Le *bai* présente six différentes nuances.

Le *bai-clair*, le *bai-doré*, le *bai-cerise*, ou *sanguin*; le *bai-châtain*, le *bai-marron* et le *bai-brun* : ce dernier se divise en *clair* et *foncé*.

Le *bai-clair* se rapproche du jaune; il se trouve presque toujours *lavé* en plusieurs endroits, surtout au ventre et aux fesses.

Le *bai-doré* est une des robes les plus distinguées; il ne diffère du *bai-clair*, que par le brillant de son reflet, qui lui donne, au soleil surtout, l'apparence d'un tissu d'or. C'est sur la croupe et sur l'encolure que cet effet de lumière est le plus sensible. Cette robe n'est, ordinairement, jamais *lavée*.

Le *bai-cerise*, ou *sanguin*, est la nuance qui se rapproche le plus du rouge, ce qui lui donne beaucoup de ressemblance avec la couleur d'une cerise. Il est plus vif sur le dos et les côtes, qu'aux flancs et aux fesses. La crinière et les extrémités sont ordinairement très-noires.

Le *bai-châtain* a la couleur de la châtaigne ; le rouge en est moins vif que le *sanguin* ou *cerise*, le bout des poils en est un peu noir, la nuance en est terne.

Le *bai-marron* est presque noir sur le dos, mais la nuance devient plus claire sur les côtes et les flancs, où elle devient roussâtre ; cette robe est souvent *lavée* sous le ventre, ou jaunâtre, semblable en cela à un marron-d'Inde.

Le *bai-brun* est la nuance la plus foncée; on le divise en *clair* et *foncé*, en ce que ce dernier est presque noir ; le tour des yeux est jaune, ainsi que le bout du nez et le tour des naseaux, ce qui s'appelle *nez de renard.* Quand on remarque cette couleur jaunâtre au grasset, aux ars et inter-ars, et aux fesses, on dit que le cheval est *marqué de feu.* Quand cette teinte est pâle et terne, on dit que le cheval a *le ventre de biche.*

Le cheval, pour être *bai*, n'importe de quelle nuance, doit avoir les extrémités et la crinière noires. Il y a des exceptions : on voit des chevaux *bais* avoir les crins et la queue de la même couleur que le reste de la robe; mais alors ils sont toujours *bais* par rapport aux extrémités (*).

(*) L'ordonnance n'indique pas cette particularité essentielle, de sorte que celui qui n'aurait pas déjà quelques notions sur les signalemens, pourrait confondre les chevaux alsans avec les bais.

L'*alsan* se rapproche du jaune et de la canelle ; il présente à-peu-près les mêmes nuances que le *bai* ; mais il diffère de lui, en ce que les extrémités et les crins de la queue et de l'encolure sont de la même couleur que le reste de la robe. Il y a cependant des exceptions qui seront indiquées.

L'*alsan* se divise en *alsan-clair* ou *lavé*, en *alsan-doré*, *alsan-cerise*, *alsan-obscur* et *alsan-brûlé*.

L'*alsan-clair* ou *lavé*, a le fond de la robe semblable au *bai-clair* ; il est presque toujours lavé au ventre et aux fesses, ainsi d'ailleurs que l'indique son nom.

L'*alsan-doré* ne diffère du *bai-doré*, que par les crins et les extrémités ; il se reconnaît, ainsi que lui, au brillant que le poil fait paraître. Les extrémités ont souvent ce brillant.

L'*alsan-cerise* est celui qui a la teinte rouge la plus décidée : cette robe est assez rare.

L'*alsan-obscur* a une teinte tout-à-fait brunâtre ; les extrémités et les crins sont presque toujours de la même nuance.

L'*alsan-brûlé* a une teinte plus foncée encore ; il y en a même qui sont presque *noir mal teint*. La couleur générale de cette robe est comme du café torréfié ; plusieurs de ces chevaux ont la crinière et la queue blanches.

On dit *alsan poil de vache*, quand un cheval *alsan*, quelle que soit sa nuance, a les crins de la queue et de l'encolure, roux ou blanchâtres.

Il y a des chevaux qui ont les crins noirs, et les extrémités comme la robe; ils doivent être signalés *alsans* : mais on indique alors cette particularité.

Robes composées de deux nuances.

Le *gris* se compose de poils noirs et blancs, et reçoit plusieurs dénominations, selon la prédominance de l'un ou l'autre de ces poils. Il se divise :

En *gris-clair*, *gris-argenté*, *gris-sale*, *gris-ardoisé*, *gris-brun*, *gris-tourdille* et *gris-étourneau*.

Le *gris-clair* est celui où l'on remarque beaucoup de blanc et peu de noir.

Le *gris-argenté* se compose aussi de plus de blanc que de noir; mais le premier a le reflet brillant dont nous avons parlé, et d'où il tire son nom.

Le *gris-sale* se compose de plus de noir mal teint que de blanc terne.

Le *gris-ardoisé* est un mélange de noir franc et de blanc, dont la teinte est bleuâtre comme celle de l'ardoise. Les chevaux de trait ont plus souvent cette robe que les autres.

Le *gris-brun* est très-foncé, le poil noir y domine, surtout aux extrémités ; le mélange est généralement uniforme.

Le *gris-tourdille* est ainsi nommé par rapport à sa ressemblance au plumage de la grive; le noir y est mal teint : il présente sur toute la surface du corps, de petites taches irrégulières.

Il en est de même du *gris-étourneau*, avec cette différence, que le noir y est foncé, et souvent jais : il y a peu de blanc; cette robe est distinguée.

Viennent ensuite les *gris-mouchetés*, les *gris-tigrés*, les *gris-marbrés*, qui prennent leurs noms de la disposition de poils par bouquets ou par bandes, et non de leur nuance plus ou moins vive. Rarement une robe est *mouchetée*, *tigrée* ou *marbrée* dans toute son étendue. On indique, dans le signalement, la partie du corps qui offre cette particularité.

Le *moucheté*, ce sont de petites taches noires, disséminées sur le corps, et qui y font, pour la vue, l'effet des mouches.

Dans le *gris tigré*, les taches sont plus grandes, comme celles, par exemple, que l'on remarque sur la robe des chiens danois, semblables en cela à la peau du tigre.

Le *marbré* imite les veines du marbre : ce sont des raies noires irrégulières sur un fond plus clair. C'est sur la croupe, aux avant-bras et aux jambes que cet effet est le plus ordinaire.

Le *gris-pommelé* a sur la surface du corps, sur la croupe surtout, des petites surfaces arrondies, plus claires que le fond de la robe. Cette particularité se remarque aussi dans les autres robes.

De l'auber.

Il est composé de poils blancs et alsans (ou bai). Il se divise :

En *auber-clair*, où il y a plus de blanc que d'alsan (ou de bai).

En *auber-foncé*, où l'alsan domine ; souvent même il y est *brûlé*.

En *truité*, qui offre des petites taches jaunes, disposées sur le fond de la robe, comme les taches noires sur le gris moucheté, avec la même particularité.

En *fleurs de pêcher*, qui présente, au contraire, des petites taches blanches parsemées sur le fond de la robe, où il y a beaucoup d'alsan (ou de bai).

En *mille fleurs*, qui ne diffère du précédent, qu'en ce que les taches blanches sont plus petites et plus nombreuses.

Du rouhan.

Le *rouhan* se compose de poils noirs, de blancs et d'alsans (ou bais). Il est divisé en *rouhan clair*, *rouhan vineux*, ou *sanguin*, et *rouhan foncé*.

Le *rouhan clair* est celui où il y a plus de blanc que de noir et d'alsan (ou bai).

Le *rouhan-vineux*, ou *sanguin*, est celui où le poil alsan (ou bai) domine.

Le *rouhan-foncé* offre une plus grande quantité de poils noirs que des autres couleurs.

Quelle que soit la nuance de la robe des chevaux *rouhans*, quand les extrémités, et surtout la tête, sont noires, on dit que le cheval est *rouhan cap de maure*. Le poil d'hiver de ces chevaux est presque blanc, le fond en est noir.

Du souris et de l'isabelle.

Le *souris* ressemble au poil de ce petit animal : il se divise en clair et foncé.

Le *souris-clair* est celui qui se rapproche le plus de la couleur d'une souris ; il est souvent lavé sous le ventre et aux fesses.

Le *souris-foncé* tire plus sur le noir que le clair ; il y en a que l'on prendrait pour noir mal teint : ces chevaux ont presque toujours une *raye de mulet* plus ou moins noire.

L'*Isabelle* est souvent confondu avec l'alsan très-clair ; c'est un poil qui tient le milieu, pour la nuance, entre le jaune et le blanc ; il y en a de cinq différentes nuances :

L'*isabelle-clair*, l'*isabelle-foncé* ou *commun*, l'*isabelle-doré*, l'*isabelle soupe de lait* et *l'isabelle café au lait*.

L'*Isabelle-clair* a la racine des poils jaune et l'extrémité blanche.

L'*isabelle-foncé*, ou *commun*, présente le contraire. Il y a des chevaux de cette robe qui ressemblent un peu aux alsans brûlés ; il ne faut pas les confondre.

L'*isabelle-doré* est d'un beau jaune, et très-brillant ; il a des effets de lumière comme le bai et l'alsan dorés.

L'*isabelle soupe de lait* a la couleur de lait dans lequel on aurait délayé du jaune d'œuf.

L'*isabelle café au lait* ressemble à ce comestible; il est plus brun que le précédent, et la nuance est presque toujours la même partout. La peau du nez, des yeux des inter-ars, est presque de là même couleur aussi.

Les *isabelles* proprement dits, ont tous les crins de la queue et l'encolure noirs, ainsi que les extrémités ; mais ils ont la *raye de mulet*. Quand elle n'existe pas, c'est une particularité dont il faut faire mention dans le signalement.

Le *pie* est un fond blanc (ou noir), avec de grandes taches noires (ou blanches), ce qui lui donne de la ressemblance avec le plumage de l'oiseau qui porte ce nom. Il y a des chevaux *pie-bai, pie-alsan , pie-gris , pie-auber , pie-rouhan* , etc.....; mais on ne dit pas pie noir , le mot *pie* indiquant lui seul le noir et le blanc.

Le *louvet* tire son nom de sa ressemblance avec le poil des loups : l'extrémité est d'un jaune sale et noirâtre sur le dos et la croupe; elle devient roussâtre à mesure qu'elle se rapproche du ventre et des fesses, où elle est presque toujours *lavée*. Cette robe est un mélange assez confus de noir et d'alsan (ou bai).

Le *fauve*, ou *poil de cerf*, diffère peu du louvet, et ressemble d'ailleurs, ainsi que l'indique son nom, aux bêtes fauves, tels que cerfs (ou biche), chevreuils, etc..... Cette robe est presque toujours lavée aussi.

Des différens termes et expressions, consacrés par l'usage, usités dans les signalemens.

Pommelé, quand sur une robe, ordinairement composée, on remarque de petites surfaces arrondies, plus claires que le fond de la nuance.

Miroité, quand c'est au contraire des taches rondes, foncées et brillantes, sur un fond plus clair. On rencontre le plus souvent cette particularité dans le noir jais et le bai brun.

Zain : quand sur une robe simple il y a absence totale de poils blancs, on dit que le cheval est zain.

Rubican, s'entend de poils blancs disséminés sur quelques endroits d'une robe simple : quand ils sont en petite quantité, on rend cela par cette expression même; mais quand il y en a beaucoup, pas assez cependant pour faire un gris, on dit *fortement rubican,* en indiquant la partie.

La *raye de mulet* est une bande noire ou noirâtre, plus ou moins foncée, qui s'étend de la crinière à la croupe, en suivant le trajet de l'épine du dos.

Zébré : ce sont des bandes transversales, plus foncées que le fond de la robe, qui se rencontrent aux avant-bras et aux cuisses de certains chevaux, semblables en cela à la robe du zèbre.

Ladre, quand aux ouvertures naturelles des chevaux, on remarque des taches dénudées de poils, blafardes, et semblables à la peau de l'homme.

Pelotte en tête, quand le cheval a une petite tache blanche, à-peu-près arrondie sur le front.

Lisse en tête, quand c'est une petite raye ou bande de poils blancs. Quand elle se prolonge du front sur le chanfrein, jusqu'entre les deux naseaux, c'est une *lisse prolongée entre les deux naseaux* ; quand elle n'existe qu'au bout du nez, c'est une *lisse au bout du nez*.

Fortement en tête, si la plus grande partie, ou tout le front est blanc.

Chanfrein prolongé ou *belle face*, quand ce blanc a beaucoup de largeur, et qu'il occupe le front, le chanfrein jusqu'entre les deux naseaux.

Buvant dans son blanc, quand la lèvre antérieure est blanche, en tout ou en partie.

Buvant fortement dans son blanc, quand la lèvre postérieure est blanche aussi.

Balzane, s'entend d'une tache blanche à l'une ou à plusieurs extrémités, d'une étendue plus ou moins grande.

Principes de balzane, lorsque ce n'est qu'une petite tache qui n'occupe pas tout le pourtour de la couronne et du pâturon.

Petite balzane, quand elle occupe toute la couronne et une partie du pâturon ; et seulement *balzane* quand elle ne dépasse pas le boulet.

Balzane chaussée, quand elle occupe une partie du canon. *Haute-chaussée*, quand elle s'étend jusqu'au genou ou au jarret. Et enfin, *trop haute-chaussée*, si elle dépasse ces parties.

Les *balzanes* peuvent être *mouchetées, truitées, tigrées, herminées, dentelées, bordées*, selon qu'elles présentent ces différentes particularités. On les indique alors dans le signalement.

On appelle *épis* un rebroussement de poils, qui ne sont pas disposés comme sur le reste du corps.

On dit *épis excentrique*, quand ils partent d'un centre commun pour s'étendre à la circonférence : la peau est alors à découvert dans le milieu.

Épis concentrique, quand toutes les pointes des poils se réunissent à un centre commun, et y forment un petit bouquet.

Celui qui vient à la partie supérieure de l'encolure, près ou sous la crinière, se nomme *épée romaine*, par rapport à sa forme allongée.

Ceux qui viennent aux flancs, au poitrail, aux coudes, à la pointe des fesses, ne doivent pas être indiqués dans le signalement, parce que tous les chevaux en ont dans ces parties.

Quand on signale un cheval, il faut plutôt

se rattacher à quelques signes ou marques particulières, qui ne changent jamais, que de s'attacher à vouloir trop préciser la nuance de la robe, que les saisons, le bon ou mauvais pansage, l'état de santé ou de maladie, l'embonpoint ou la maigreur, etc., font varier au point de ne plus reconnaître un cheval que soi-même on aurait signalé à une époque un peu éloignée de celle où l'on se trouve dans le cas de le signaler une seconde fois.

Des balzanes, et les particularités qu'elles peuvent offrir, une marque en tête, un épis, quelques crins blancs à la queue ou à l'encolure, choses qui ne varient jamais, sont autant de jalons au moyen desquels on reconnaît aisément un cheval entre mille autres.

FIN.